決定版 An Identification Guide to the Gulls of Japan

日本のカモメ
識別図鑑
見分けるポイントが良くわかる

氏原巨雄・氏原道昭 著

はじめに

1980年に高野伸二さんが著された『野鳥識別ハンドブック』には、「オオセグロカモメとセグロカモメの幼鳥を野外で見分けることは私には不可能のように思われる」という記述があった。それを読んだとき、「ああそうなのか」と思った反面、「いや、もしかしてどこか、何かしら違うところがあるのではないか」とも思った。それ以降、当時のフィールドであった多摩川河口でセグロカモメ、オオセグロカモメの幼鳥を意識して観察するようになり、これが当時、シギ・チドリー辺倒だった私がカモメにのめり込んでいくきっかけとなったのである。

その後、より深くカモメを観察するため、今や世界的に有名なカモメ観察地となった、千葉県の銚子漁港に毎週のように通うこととなる。そこで目にしたのは、カモメ類の羽衣の多様性と、これまでセグロカモメとして一括りにしていた中に、他の種や亜種がいくつも混じっているという思いがけない事実だった。こうして私はカモメの奥深さ、複雑さを知り、その面白さにますますはまっていった。

これまで出版したカモメの本は、そのページ数などの制約から、複雑で難解なカモメの姿を十分に、なおかつ、わかりやすく伝えるのは難しいという思いをずっと抱いており、決定版ともいうべき本格的な図鑑が必要で、それをぜひ作りたいという願いを強く持っていた。2015年に誠文堂新光社から刊行した『決定版 日本のカモ識別図鑑』のシリーズに引き続き、今回この

『決定版 日本のカモメ識別図鑑』も刊行することとなり、この願いが実現することになった。

拙書を刊行するにあたって思ったことは、決定版というからには、全ての種のすべての年齢のイラスト、写真を揃えたいということだった。イラストに関しては問題ないが、写真は難問だった。なぜなら、大型カモメはユーラシア、北アメリカの広範囲からカモメが集結する銚子なら、かなりのものを揃えるのが可能だが、小型カモメは容易ではないからである。特に、ユリカモメ、ズグロカモメ以外の小型カモメは迷鳥といってよく、本来の生息地まで出かけて行って撮影するしかなかった。そういうわけで、北アメリカ、アジア、中東に9度撮影に出かけた。事前のリサーチを入念に行って出かけ、その甲斐あって当初の想定をはるかに上回る種及び年齢の写真が揃った。加えて、どうしても自己調達が不可能なものについては、知人、鳥友などにお借りした。貴重な写真を貸していただいた多くの方々には深く感謝の意を表したい。

1980年代には鳥の中ではかなりマイナーな存在だったカモメが、カモメの観察について書いた拙書『カモメ識別ガイド』により注目度が上がり、現在では観察者が着実に増加してきたと実感している。今回刊行する『決定版 日本のカモメ識別図鑑』により、さらにカモメ観察を楽しむ人が増えることを楽しみにしている。

氏原巨雄

- はじめに ……………………………………… 2
- Index ………………………………………… 4
- この図鑑で準拠した大型カモメ類の分類について … 15
- この図鑑の使い方 ………………………… 16
- 用語解説 …………………………………… 18
- 各部位の名称 ……………………………… 20
- カモメ類の年齢による羽衣の変化 ……… 22
- 初列風切の換羽 …………………………… 24
- 日本で繁殖するカモメ類 ………………… 26
- カモメ類の見分け方 ……………………… 27

大型カモメ …………………………………… 31
- 大型カモメ類の雑種・色彩異常 ………… 180

小型・中型カモメ ……………………… 187
- 小型・中型カモメ類の雑種・色彩異常 … 329

- 日本未記録のカモメ類 …………………… 333

- 参考文献・ウェブサイト ………………… 337
- 索引 ………………………………………… 338
- あとがき …………………………………… 339

大型カモメ
成鳥

多：多い　普：普通　少：少ない　稀：まれ　極稀：ごくまれ
北：北日本中心　東：東日本中心

代表的な特徴のみ記述。番号横に同色の印のあるものはIOC Bird List v9.2で同種扱い。

1 "タイミルセグロカモメ"----p.78
足は橙黄色〜肉色。背は⑤と同等〜やや濃い。翼の換羽完了は1〜3月と遅い。 少 〜 普

2 カザフセグロカモメ------p.90
1〜2月に夏羽になるものが多い。足は鮮黄色が普通。翼と足が長め。背の色は①と同等。 極稀

3 ヒューグリンカモメ------p.66
背はウミネコと同等。足は黄色（肉色）。翼は長め。翼の換羽完了は1〜3月と遅い。 稀 〜 少

4 モンゴルセグロカモメ------p.43
⑤より頭の斑は細く少なめ。多くが2〜3月に夏羽になる。嘴に黒斑。足は淡肉色で長めの傾向。翼の換羽完了は11〜12月と早め。 少

5 セグロカモメ-----------p.32
頭の斑は太く多い傾向で、3月まで冬羽を保持する個体が多い。翼の換羽完了は主に12〜1月。足はピンク。眼瞼は橙〜赤。 普

6 オオセグロカモメ------p.114
⑤より背の色が明らかに濃い。翼の換羽完了は11〜12月と早め。足は濃いピンク。眼瞼は紫〜ピンク。 普

7 カスピセグロカモメ------p.55
嘴と足が長い独特の体型。1〜2月から夏羽になる。嘴に黒斑。足は淡い肉色。P10の白色部が多い。 極稀

8 アメリカセグロカモメ----p.102
⑤より背が淡い。虹彩は淡色。眼瞼は黄〜橙。初列風切の黒は⑤と同等〜多め。 少 東

9 ワシカモメ------------p.126
初列風切は灰色。嘴は太く翼は短い。頭の斑は最も一様。 普 北

10 シロカモメ×セグロカモメ
------------------p.180
⑤⑪⑫とほぼ同大・同体型。⑤より背が淡く、初列風切の淡色部が多い。 少

11 アラスカシロカモメ------p.136
⑫より小柄で、頭がやや丸くて翼が長めだが、⑮⑯ほど顕著ではない。背は僅かに濃い傾向。 普 北

12 シロカモメ-----------p.136
背が淡く初列風切が白い。⑤より大きく、頭が長く翼が短い。眼瞼は黄色〜橙。 普 北

13 カリフォルニアカモメ
------------------p.170
小さく華奢で中型カモメ的な印象。体と翼が長い。嘴に赤斑と黒斑。足は灰緑色。 極稀

14 カナダカモメ----p.158
⑤より小柄で足と嘴が短くて背が低い。頭の斑がソフトで背が淡い。翼下面が淡色。眼瞼は紫〜ピンク。 少 東 北

15 クムリーンカモメ------p.146
⑭よりさらに淡色。初列風切の暗色部は少なく灰色味が強い。 稀 東 北

16 アイスランドカモメ------p.147
初列風切は白くて突出が大きい。頭が丸くて嘴が小さい割に眼が大きい。 極稀

大型カモメ
第2回冬羽

多：多い　普：普通　少：少ない　稀：まれ　極稀：ごくまれ
北：北日本中心　東：東日本中心

代表的な特徴のみ記述。番号横に同色の印のあるものはIOC Bird List v9.2で同種扱い。

1 "タイミルセグロカモメ"----p.78
大雨覆は暗色帯を形成。頭から腹の斑は⑤より少なく②③より多め。 少〜普

2 カザフセグロカモメ------p.90
頭から腹は大部分白く後頸に細い縦斑。背の青灰色は雨覆にも広がる傾向。 極稀

3 ヒューグリンカモメ------p.66
背の灰色はウミネコと同等で、雨覆まで広がる傾向。頭から腹の斑は①より細く少なめ。 稀〜少

4 モンゴルセグロカモメ-----p.43
頭から腹の斑は⑤より少なく細い。胸から腹は大部分白い。 少

5 セグロカモメ--------p.32
頭から腹に太い斑が出るが個体差が大きく、大部分白くなるものもいる。 普

6 オオセグロカモメ-------p.114
背の色は⑤より濃い。①や④より体下面は暗色傾向で翼は短め。虹彩は淡くなる個体が多い。 普

7 カスピセグロカモメ------p.55
嘴と足が長い独特の体型。羽色は④に似るが、大雨覆は暗色帯を形成。 極稀

8 アメリカセグロカモメ----p.102
頭から腹の斑は⑤より一様な傾向。大雨覆は暗色帯を形成。背の灰色は淡い。 少 東

9 ワシカモメ-----------p.126
初列風切も含めて極めて一様な灰褐色。嘴は大部分黒い。 普 北

10 シロカモメ×セグロカモメ
------------------p.180
⑤より初列風切が淡く羽縁があり、背は淡い。 少

11 アラスカシロカモメ------p.136
羽色は⑫とほぼ同様だが、やや小柄で翼が長めに見えることが多い。 普 北

12 シロカモメ-----------p.136
初列風切先端は白く、次列風切と尾羽も目立つ暗色帯がない。全身ほぼ白くなるものもいる。 普 北

13 カリフォルニアカモメ
------------p.170
小さく華奢で中型カモメ。大雨覆は暗色帯を形成。足は青味を帯びる。 極稀

14 カナダカモメ----p.158
⑧に似た羽色で初列風切は黒味が弱い。やや小柄で華奢。 少 東

15 クムリーンカモメ
------------p.146
⑭に似てより淡色。外側初列風切は⑯より濃い傾向。 稀 東 北

16 アイスランドカモメ
------------p.147
初列風切先端は白く、嘴が短小で翼が長い。 極稀

大型カモメ
第1回冬羽

多：多い　普：普通　少：少ない　稀：まれ　極稀：ごくまれ
北：北日本中心　東：東日本中心

代表的な特徴のみ記述。番号横に同色の印のあるものはIOC Bird List v9.2で同種扱い。

1 "タイミルセグロカモメ"---p.78
⑤より肩羽や雨覆が暗色傾向。対して体下面は暗色斑が疎らな傾向。やや華奢な個体が多い。少〜普

2 カザフセグロカモメ------p.90
頭から体下面は大部分白く、対して雨覆は暗色傾向。肩羽の地色は明るい傾向。足と翼は長め。極稀

3 ヒューグリンカモメ------p.66
体上面の暗色傾向と下面の淡色傾向が①以上に顕著。翼が長く華奢な個体が多い。稀〜少

4 モンゴルセグロカモメ-----p.43
摩耗・褪色・換羽が早めで全体に白っぽい。初列風切は黒味が強く、コントラストが最も強い。翼や足は長め。少

5 セグロカモメ----------p.32
⑥より初列風切の黒味が強く、全体にコントラストが強いが、④ほどではない。摩耗・褪色・換羽は遅い傾向。普

6 オオセグロカモメ------p.114
⑤より褐色味が強く、初列風切の黒味は弱く、全体にコントラストが弱い。翼は短め。摩耗・褪色・換羽は早め。普

7 カスピセグロカモメ------p.55
嘴と足が長い。頭から腹の大半が白く、対して雨覆は暗色傾向。摩耗・褪色・換羽は早い。極稀

8 アメリカセグロカモメ----p.102
⑤より全体に一様に暗色。大雨覆は暗色帯を形成。初列風切は⑥より長めで黒い。少 東

9 ワシカモメ----------p.126
全身一様な灰褐色で、目立って暗色の部分がない。翼は短く、嘴はほぼ黒く太い。普 北

10 シロカモメ×セグロカモメ
----------p.180
⑤より淡色部が多く、初列風切に淡色羽縁。嘴基部に肉色が多い。少

11 アラスカシロカモメ-----p.136
⑫より小柄で、頭がやや丸くて翼が長めだが、⑮⑯ほど顕著ではない。普 北

12 シロカモメ---------p.136
全体に淡色で初列風切が白い。嘴は肉色と黒に明瞭に分かれる。⑤より大きく、頭が長く翼が短い。普 北

13 カリフォルニアカモメ
----------p.170
嘴基部が肉色でややウミネコにも似るが模様は横斑が多く複雑。極稀

14 カナダカモメ----p.158
⑤よりコントラストが低く一様。初列風切は黒味が弱く淡色羽縁あり。少 東 北

15 クムリーンカモメ
----------p.146
⑭より淡色。淡色の個体は⑯に似るが嘴はより黒い個体が多い。稀 東 北

16 アイスランドカモメ
----------p.147
初列風切は白く突出が大。頭が丸く、嘴が小さく眼が大きい。⑮より嘴の肉色は多め。極稀

大型カモメ
成鳥飛翔

多：多い　普：普通　少：少ない　稀：まれ　極稀：ごくまれ
北：北日本中心　東：東日本中心

代表的な特徴のみ記述。番号横に同色の印のあるものはIOC Bird List v9.2で同種扱い。

1 "タイミルセグロカモメ"----p.78
初列風切の黒は6～8枚で、⑤より多め、③より少なめの傾向。 少〜普

2 カザフセグロカモメ------p.90
黒は主に6～8枚でパターンはほぼ①に近い。 極稀

3 ヒューグリンカモメ------p.66
黒は7～8枚・ミラー1個・ムーンが目立たない個体が一般的。 稀〜少

4 モンゴルセグロカモメ-----p.43
黒色部は⑤より多めで主に6～8枚。7枚の個体が最多。1～2個のミラーがある。 少

5 セグロカモメ------------p.32
黒色部は主に5～7枚で6枚の個体が最多。1～2個のミラーがある。 普

6 オオセグロカモメ--------p.114
ムーンと翼後縁の白が太い。下面は⑤より暗い帯があるが、翼端は逆に⑤ほど黒くない。 普

7 カスピセグロカモメ------p.55
⑤より白色部が多め。P10のミラーと先端の白が融合し、基部寄りは櫛状パターンになる傾向。 極稀

8 アメリカセグロカモメ----p.102
⑤に似るが北米西部のものは黒色部が多めで、ミラーが1個のものが多い。 少 東

9 ワシカモメ-------------p.126
初列風切は灰色で、黒色部はない。 普 北

10 シロカモメ×セグロカモメ
------------------------p.180
⑤より黒色部が少なく⑭⑮に似るが、体格体型は⑤⑪⑫と同様。 少

11 アラスカシロカモメ------p.136
羽色は⑫とほぼ同様だが、やや小柄で翼が長めに見えることが多い。 普 北

12 シロカモメ-------------p.136
初列風切先端は白く、暗色の斑紋はない。頑強な体型で翼は短め。 普 北

13 カリフォルニアカモメ
------------------------p.170
P10のミラーと先端の白が融合し、基部寄りの黒は広めの傾向。 極稀

14 カナダカモメ----p.158
初列風切上面は各羽内弁が淡いストライプ状パターン。下面は淡色。 少 東

15 クムリーンカモメ
------------------------p.146
⑭よりさらに暗色部が少なく、⑯にほぼ近いものもいる。 稀 東 北

16 アイスランドカモメ
------------------------p.147
初列風切先端は白く、暗色の斑紋はない。嘴が短小で翼が長い。 極稀

大型カモメ
第2回冬羽

多：多い　普：普通　少：少ない　稀：まれ　極稀：ごくまれ
北：北日本中心　東：東日本中心

代表的な特徴のみ記述。番号横に同色の印のあるものはIOC Bird List v9.2で同種扱い。

1 "タイミルセグロカモメ"----p.78
⑤に似て大雨覆は暗色帯になり、頭から腹の斑は少ない傾向。少〜普

2 カザフセグロカモメ------p.90
①に似て頭から腹はほぼ白い。③より背の灰色は淡い。極稀

3 ヒューグリンカモメ------p.66
背はウミネコと同等。初列風切はウィンドウがほぼなく黒っぽい。稀〜少

4 モンゴルセグロカモメ-----p.43
⑤より頭から腹が白い。尾羽の黒帯は狭く、白い基部との対比が強い。少

5 セグロカモメ------------p.32
④より腹に褐色部が多い。尾羽の暗色帯は広めで基部と境は不明瞭な傾向。普

6 オオセグロカモメ-------p.114
⑤より背の色が明らかに濃く、尾羽の暗色帯は広め。翼は短め。普

7 カスピセグロカモメ-------p.55
嘴が長くスリムで、頭から腹は大部分白い。大雨覆は暗色帯を形成する。極稀

8 アメリカセグロカモメ----p.102
⑤より背が淡い。大雨覆は暗色帯を形成し、尾羽の帯は太め。少 東

9 ワシカモメ-------------p.126
全身極めて一様な灰褐色。目立って濃い部分がない。普 北

10 シロカモメ×セグロカモメ
-------------------------p.180
⑤より外側初列風切や尾羽の暗色部が弱い。少

11 アラスカシロカモメ-----p.136
⑫より小柄で翼が長く見える傾向だが、⑮⑯ほどではない。普 北

12 シロカモメ------------p.136
初列風切先端は白い。頑強な体型で翼は短め。普 北

13 カリフォルニアカモメ
----------------------p.170
華奢で翼が長め。大雨覆は暗色帯を形成する。極稀

14 カナダカモメ----p.158
⑧に似た羽色で初列風切や尾羽の黒味が弱い。初列風切下面は淡色。少 東 北

15 クムリーンカモメ
----------------p.146
⑭よりさらに淡色。外側初列風切の暗色のバーは4本以下が普通。稀 東 北

16 アイスランドカモメ
----------------p.147
初列風切先端は白く、嘴が短小で翼が長い。極稀

大型カモメ
第1回冬羽

多：多い　普：普通　少：少ない　稀：まれ　極稀：ごくまれ
北：北日本中心　東：東日本中心

代表的な特徴のみ記述。番号横に同色の印のあるものはIOC Bird List v9.2で同種扱い。

1 "タイミルセグロカモメ"----p.78
内側初列風切は不明瞭なウィンドウを形成。大雨覆は暗色帯を形成。
少〜普

2 カザフセグロカモメ------p.90
内側初列風切のウィンドウはないか不明瞭。頭から腹は白っぽい。
極稀

3 ヒューグリンカモメ------p.66
内側初列風切のウィンドウはほぼなく、大雨覆は暗色帯になり、翼全体がかなり暗色に見える。稀〜少

4 モンゴルセグロカモメ-----p.43
尾羽の暗色帯は狭く、白い基部との対比が強い。初列風切のウィンドウは狭く目立たないものもいる。少

5 セグロカモメ------------p.32
尾羽の暗色帯は④より広く、⑥や⑧より狭い。内側初列風切に淡色のウィンドウがある。普

6 オオセグロカモメ-------p.114
外側初列風切・次列風切・尾羽は⑤より黒味が弱いが、⑨より暗色で目立つ。普

7 カスピセグロカモメ------p.55
内側初列風切のウィンドウはないか不明瞭。頭から腹は白っぽい。②より嘴が長く直線的。極稀

8 アメリカセグロカモメ----p.102
尾羽は基部近くまで暗色で、上尾筒も密な横斑に覆われる。大雨覆は暗色帯を形成。少 東

9 ワシカモメ------------p.126
全身一様な灰褐色で、目立って濃い部位がない。⑥より褐色味が弱い。普 北

**10 シロカモメ×セグロカモメ
------------------------p.180**
⑤より外側初列風切・次列風切・尾羽が淡色。尾羽の帯は多重の縞に見えることが多い。少

11 アラスカシロカモメ------p.136
羽色は⑫とほぼ同様だが、やや小柄で翼が長めに見えることが多い。普 北

12 シロカモメ------------p.136
初列風切先端は白く、次列風切と尾羽も目立つ暗色帯がない。頑強な体型で翼は短め。普 北

**13 カリフォルニアカモメ
------------------------p.170**
尾羽は基部近くまで暗色、ウィンドウは不明瞭。極稀

14 カナダカモメ----p.158
全身灰褐色で⑤よりコントラストが弱いが、⑨より濃淡があり、やや小柄で華奢。少 東

**15 クムリーンカモメ
------------------------p.146**
⑭に似てより淡色。外側初列風切は⑯より濃い傾向。稀 東 北

**16 アイスランドカモメ
------------------------p.147**
初列風切先端は白く、嘴が短小で翼が長い。極稀

小型・中型カモメ
成鳥夏羽

多：多い　普：普通　少：少ない　稀：まれ　極稀：ごくまれ

① ミツユビカモメ‑‑‑p.188
黄色い嘴、黒くて短い足。⑧より大きいが背が低く見える。普

② アカアシミツユビカモメ ‑‑‑‑‑‑‑‑‑‑‑‑‑p.195
黄色い短い嘴、赤くてごく短い足。濃い背の灰色。稀

③ ゾウゲカモメ‑‑‑‑p.202
全身白色でやや象牙色みを帯びる。黒くて短い足。鳩を思わせる体形。極稀

④ クビワカモメ‑‑‑‑p.205
青紫みを帯びる灰黒色の頭。白色部との境は黒色の首輪となる。極稀

⑤ ハシボソカモメ‑‑‑p.208
細長い嘴。額が低く、長く伸びる頭。体はピンク色みがある。極稀

⑥ ボナパルトカモメ ‑‑‑‑‑‑‑‑‑‑‑‑‑p.215
黒くて小さい嘴。明るい赤色の足。黒い頭は茶色みがない。稀

⑦ チャガシラカモメ ‑‑‑‑‑‑‑‑‑‑‑‑‑p.223
頭が黒い種で虹彩が淡色なのは本種だけ。⑧より大きくて太い嘴。極稀

⑧ ユリカモメ‑‑‑‑‑‑p.230
頭が黒いカモメはまず本種の可能性を考え、次にズグロカモメを検討。ほかは稀。多

⑨ ズグロカモメ‑‑‑‑p.238
短く太い嘴。目立つ眼の周りの白色縁取り。西日本で普

⑩ ヒメカモメ‑‑‑‑‑‑p.245
極小。眼の周りに白い縁取りなし。初列風切は白。裏は黒い。極稀

⑪ ヒメクビワカモメ ‑‑‑‑‑‑‑‑‑‑‑‑‑p.252
白い頭に黒い首輪。体はピンク色を帯びる。初列風切は長く突き出る。稀

⑫ ワライカモメ‑‑‑‑p.258
嘴は長く、先が下にカーブ気味。初列風切は長く尖る。背は濃い。稀

⑬ アメリカズグロカモメ ‑‑‑‑‑‑‑‑‑‑‑‑‑p.265
眼の白色縁取りは太い。⑧より小さく背が濃い。稀

⑭ ゴビズキンカモメ ‑‑‑‑‑‑‑‑‑‑‑‑‑p.272
太めの体。⑬に似るが、大きくて背が淡色。極稀

⑮ オオズグロカモメ ‑‑‑‑‑‑‑‑‑‑‑‑‑p.280
頭の黒いカモメではずば抜けて大きく、大型カモメと同大。稀

⑯ ウミネコ‑‑‑‑‑‑‑p.287
背の灰色が濃く、嘴の先に黒と赤の太い斑がある。虹彩は黄色。多

⑰ カモメ‑‑‑‑‑‑‑‑‑p.294
カモメの亜種中最大で嘴も長く、背は最も濃い。普

⑱ ニシシベリアカモメ ‑‑‑‑‑‑‑‑‑‑‑‑‑p.305
⑰より小さく背がやや淡色。嘴も小さい。少

⑲ コカモメ‑‑‑‑‑‑‑‑p.312
カモメ亜種中最小で、頭は小さく丸く、眼が大きい。初列風切は長い。少

⑳ クロワカモメ‑‑‑‑p.320
嘴に太く明瞭な黒帯があり、赤斑はない。虹彩と背は淡色。極稀

小型・中型カモメ
成鳥冬羽

多：多い　普：普通　少：少ない　稀：まれ　極稀：ごくまれ

1 ミツユビカモメ----p.188
黄色い嘴、黒くて短い足。眼の後ろに大きな黒斑。 普

2 アカアシミツユビカモメ
----------p.195
黄色く短い嘴、赤くて短い足。濃い背の灰色。 稀

3 ゾウゲカモメ----p.202
全身白色でやや象牙色みを帯びる。黒くて短い足。鳩を思わせる体形。 極稀

4 クビワカモメ----p.205
頭が小さく、初列風切が長い。嘴は黒く、先端は黄色い。 極稀

5 ハシボソカモメ----p.208
細長い嘴。虹彩は主に淡色。額が低く、眼の後方の斑は不明瞭。 極稀

6 ボナパルトカモメ
----------p.215
黒くて小さい嘴。眼の後方の斑は大きい。足は明るい赤。⑧より小さい。 稀

7 チャガシラカモメ
----------p.223
虹彩が淡色。⑧より大きく嘴も大きい。頭の斑は大きい傾向。 極稀

8 ユリカモメ----p.230
最も多く、小型カモメ識別の基準となる種。小型カモメは本種と⑨以外は稀。 多

9 ズグロカモメ----p.238
長く後ろに突き出た初列風切に大きな白斑。嘴は短く太い。西日本で 普

10 ヒメカモメ----p.245
世界最小のカモメ。初列風切の表は白く、裏は先を除き黒い。 極稀

11 ヒメクビワカモメ
----------P.252
初列風切は灰色で、後ろに長く突き出る。短く赤い足。 稀

12 ワライカモメ----p.258
⑬に似るが、頭の斑は少なく、嘴が長い。初列風切の白斑は小さい。 稀

13 アメリカズグロカモメ
----------p.265
頭の黒斑が他種より多い。⑫に似るが小さくて嘴、足が短い。 稀

14 ゴビズキンカモメ
----------p.272
太めの体。眼の後方の黒斑はなく、後頸に斑。中型カモメ大。 極稀

15 オオズグロカモメ
----------p.280
大型カモメと同大。頭が額が低く平らな独特の形。眼の後方にワライカモメに似た斑がある。 稀

16 ウミネコ----p.287
背の灰色が濃く、嘴の先に黒と赤の太い斑がある。虹彩は淡色で、顔つきはきつい印象。 多

17 カモメ----p.294
カモメの亜種中最大で嘴も長く、頭の斑は多い。 普

18 ニシシベリアカモメ
----------p.305
頭の斑が少なく白い。地色も白い。嘴に暗色斑。 少

19 コカモメ----p.312
頭が小さくて丸く、眼が大きい。頭の斑は霞のように広がるソフトな斑。 少

20 クロワカモメ----p.320
嘴に太く明瞭な黒帯はない。虹彩と背は淡い。 極稀

小型・中型カモメ
第1回冬羽

多：多い　普：普通　少：少ない　稀：まれ　極稀：ごくまれ

①ミツユビカモメ---p.188
黄色い嘴、黒くて短い足。眼の後方に黒斑と灰黒色の襟巻。普

②アカアシミツユビカモメ
-------------p.195
黄色く短い嘴、橙黄色で短い足。背は濃い。稀

③ゾウゲカモメ----p.202
白色の各羽の先に黒斑がある。眼の前が汚れたように黒い。極稀

④クビワカモメ----p.205
頭が小さくてそれより後部は長い。雨覆は灰褐色。極稀

⑤ハシボソカモメ---p.208
虹彩は淡色。細長い嘴。額が低く、長く伸びる頭。極稀

⑥ボナパルトカモメ
-------------p.215
雨覆、三列風切に⑧より濃い斑。足はピンク色。稀

⑦チャガシラカモメ
-------------p.223
⑧より大きい。飛び立つと翼先端の黒の多さで⑧と識別可。極稀

⑧ユリカモメ------p.230
最も多く、小型カモメ識別の基準となる種。多

⑨ズグロカモメ----p.238
太く短い嘴。長く後ろに突き出た初列風切。西日本で普

⑩ヒメカモメ------p.245
最小のカモメ。頭頂が灰黒色。雨覆は幅広く暗色。極稀

⑪ヒメクビワカモメ
-------------p.252
初列風切は後ろに長く突き出る。雨覆は幅広く暗色。稀

⑫ワライカモメ----p.258
嘴は長く、先がやや下にカーブしているように見える。初列風切は長く尖る。稀

⑬アメリカズグロカモメ
-------------p.265
他種より頭の黒色が多い。⑧より小さく背が濃い。稀

⑭ゴビズキンカモメ
-------------p.272
全体に白く見える。後頭に点状の強い斑が並ぶ。極稀

⑮オオズグロカモメ
-------------p.280
大型カモメと同大。額が低くピークが眼の後ろ辺りにある。稀

⑯ウミネコ--------p.287
全体にチョコレート色で顔前半分と腹、下尾筒は淡色。嘴はカモメより大きい。多

⑰カモメ----------p.294
カモメの亜種中最大で嘴も長い。頭、体下面の斑は多い。普

⑱ニシシベリアカモメ
-------------p.305
頭、体下面に斑が少なく白い。地色も白い。初列風切は長い。少

⑲コカモメ--------p.312
頭が小さくて丸く、眼が大きい。全体に一様な灰褐色斑が特徴。初列風切が長い。少

⑳クロワカモメ----p.320
肩羽、雨覆、三列風切の模様は大型カモメに似て鋭角的で切れ込みがある。極稀

小型・中型カモメ
成鳥飛翔

多：多い　普：普通　少：少ない　稀：まれ　極稀：ごくまれ

① ミツユビカモメ --- p.188
翼の先の黒色は三角形。眼の後ろに大きな暗色部。普

② アカアシミツユビカモメ --- p.195
①より翼上面の灰色が濃く、嘴は短い。稀

③ ゾウゲカモメ --- p.202
全身白色でやや象牙色を帯びる。極稀

④ クビワカモメ --- p.205
上面は灰色、黒、白の三色に分かれる。尾羽は弱い燕尾。極稀

⑤ ハシボソカモメ --- p.208
翼下面初列風切の白色は⑧より広い。極稀

⑥ ボナパルトカモメ --- p.215
翼下面に縁を除き黒色がない。稀

⑦ チャガシラカモメ --- p.223
⑧より翼先端の黒色が多い。稀

⑧ ユリカモメ --- p.230
最も多く、小型カモメ識別の基準となる種。多

⑨ ズグロカモメ --- p.238
⑧より翼は長く、下面の黒色は少ない。西日本で普

⑩ ヒメカモメ --- p.245
翼の先は丸い。上面に黒色部はなく下面は黒い。極稀

⑪ ヒメクビワカモメ --- p.252
翼は長く、先は尖り、黒色部はない。尾羽は楔形。稀

⑫ ワライカモメ --- p.258
長い翼。背の灰色は濃い。翼端内側に⑬のような白がない。稀

⑬ アメリカズグロカモメ --- p.265
眼の周囲の白色は太くて目立つ。⑧より小さく背が濃い。稀

⑭ ゴビズキンカモメ --- p.272
⑬に似るが背が淡色で大きい。極稀

⑮ オオズグロカモメ --- p.280
黒頭のカモメではずば抜けて大きく、大型カモメと同大。稀

⑯ ウミネコ --- p.287
背の灰色が濃く、嘴の先こ黒と赤の太い斑がある 多

⑰ カモメ --- p.294
カモメの亜種中最大で嘴も長く、背は最も濃い。普

⑱ ニシシベリアカモメ --- p.305
カモメ亜種中、翼の黒が最も多い。嘴に暗色斑。少

⑲ コカモメ --- p.312
翼後縁の白が幅広い。P8にムーンが目立つ。頭、嘴が小さい。少

⑳ クロワカモメ --- p.320
嘴に太く明瞭な黒帯があり、赤斑はない。虹彩と背は淡色。極稀

小型・中型カモメ
第1回冬羽飛翔

多：多い　普：普通　少：少ない　稀：まれ　極稀：ごくまれ

1 ミツユビカモメ----P.188
翼にM字パターン。黒いヘッドホンと襟巻。 普

2 アカアシミツユビカモメ
-------------p.195
M字パターンはない。背が濃い。 稀

3 ゾウゲカモメ----p.202
全身白色で、全体に黒点が連なる。 極稀

4 クビワカモメ----p.205
翼上面は褐色、白、黒の3色に分かれる。 極稀

5 ハシボソカモメ----p.208
翼後縁の次列風切部に淡色帯。嘴、頸、尾が長い。 極稀

6 ボナパルトカモメ
-------------p.215
翼下面は縁を除き黒色部がない。翼後縁に黒帯。 稀

7 チャガシラカモメ
-------------p.223
翼端が、類似の他種と異なり三角状に黒い。 稀

8 ユリカモメ------p.230
最も多く、小型カモメ識別の基準となる種。 多

9 ズグロカモメ----p.238
次列風切部に幅広い白帯。長い翼。 普

10 ヒメカモメ------p.245
極小のカモメ。上面にM字状パターン。 極稀

11 ヒメクビワカモメ
-------------p.252
上面にM字パターン。長い翼、尾羽は楔状。 稀

12 ワライカモメ----p.258
翼上面は暗色で体下面は白い。 稀

13 アメリカズグロカモメ
-------------p.265
⑫に似るが頭の黒色が多い。中央部の尾羽は灰色。 稀

14 ゴビズキンカモメ
-------------p.272
翼後縁の黒帯は点状。尾羽の黒帯は細い。 極稀

15 オオズグロカモメ
-------------p.280
大型カモメと同大。眼の後方にワライカモメに似た斑がある。 稀

16 ウミネコ-------p.287
翼上面は一様に暗色で、尾羽も一様に黒褐色。 多

17 カモメ---------p.294
尾羽、上尾筒は⑱⑲の中間。嘴、頭が大きい。 普

18 ニシシベリアカモメ
-------------p.305
尾羽は先端の黒帯を除き白い。全体に白さが目立つ。 少

19 コカモメ-------p.312
尾羽は一様に黒褐色で上尾筒も暗色。全体に一様。嘴、頭が小さい。 少

20 クロワカモメ----p.320
白黒コントラストが強い。全体に鋭角的な強い模様。 極稀

この図鑑で準拠した
大型カモメ類の分類について

カモメ類の分類はこれまでも常に流動的で、特に近年はDNA分析の成果も取り入れた再編が試みられている。これにより、種と亜種や和名と学名の関係等が混乱しやすいので、この図鑑で準拠したIOC Bird List v9.2の分類による学名と、この図鑑で使用した和名を以下にリストアップする。

※この図鑑の掲載種のみ抜粋。それぞれの全亜種を表記。

属	種	亜種
Larus	*californicus* カリフォルニアカモメ	*albertaensis* *californicus*
	marinus オオカモメ	
	glaucescens ワシカモメ	
	occidentalis アメリカオオセグロカモメ	*occidentalis* *wymani*
	hyperboreus シロカモメ	*hyperboreus* *pallidissimus*　シロカモメ *barrovianus*　アラスカシロカモメ *leuceretes*
	glaucoides アイスランドカモメ	*glaucoides*　アイスランドカモメ *kumlieni*　クムリーンカモメ *thayeri*　カナダカモメ
	argentatus ヨーロッパセグロカモメ	*argentatus* *argenteus*
	smithsonianus アメリカセグロカモメ	
	vegae セグロカモメ	*mongolicus*　モンゴルセグロカモメ *vegae*　セグロカモメ
	cachinnans カスピセグロカモメ	
	schistisagus オオセグロカモメ	
	fuscus ニシセグロカモメ	*graellsii* *intermedius* *fuscus* *heuglini*　ヒューグリンカモメ *barabensis*　カザフセグロカモメ
	'taimyrensis'　"タイミルセグロカモメ"（交雑個体群）	

この図鑑の使い方

構成 この図鑑は、日本で見られるカモメ類の種や年齢の識別の手引きとして、初心者からベテランまでの幅広い利用を想定して構成されている。巻頭のIndexページでは、全ての種の縮小イラストおよび簡単な解説の一覧を掲載。まずここで目星をつけて各種のページへ進むと、解説、分布図、イラスト、写真と続き、多角的に詳しい識別のノウハウを学ぶ構成となっている。p.18～p.30には、用語解説、部位の名称、年齢や換羽の見方、基礎から始めるカモメ類の見分け方と注意点など、カモメ類識別に役立つ様々な情報を凝縮した。

❶分類 IOC World Bird List v9.2に準拠した。

掲載種 日本国内で記録がある、または可能性の高い観察例のある26種（37の種および亜種）に加え、今後渡来の可能性があると思われる4種および1亜種も巻末で紹介した。なお、カナダカモメなどのように、IOC World Bird List v9.2で亜種とされているものでも、識別上解説すべき内容が多いものや、独立種として扱われる場合もあるものについては、ページを分けて独立種と同等のボリュームで扱ったので、それらの分類については、学名や解説文の「分類」の項目に注意してご覧頂きたい。また"タイミルセグロカモメ"についても、交雑個体群として扱いつつも、同様の理由からページを分けて紹介している。

❷解説 大きさ、分布・生息環境・習性、鳴き声、特徴を順に解説し、続いて各年齢・羽衣の特徴と識別について詳しく解説した。イラストと写真を豊富に使用しているため、色や形を順に全て説明することは避け、識別上重要な目のつけどころや他種との比較に重点を置いた解説を心がけた。また文の簡素化のため、亜種〇〇の「亜

種」を支障のない範囲で適宜省いているので、分類については学名や「分類」の項目に注意してご覧頂きたい。

コダックグレースケールについて　カモメ類の背の灰色の濃さを測る基準としてコダック社製の「コダックグレースケール」が世界的に使用されている。本書では Klaus Malling Olsen 著『Gulls of the world』に掲載の各種の数値に、筆者らの経験も加味した数値を解説文の成鳥の項目に「KGS：5-6」のように記載した。

❸**分布図**　その種が分布する地域全てをカバーし、繁殖分布を黄色、越冬分布を水色、周年見られる地域を緑で示した。例外として、カモメ *Larus canus* とアイスランドカモメ *L. glaucoides* は複数亜種を分布図内に収め、上記以外の色も使用して文字挿入や凡例で各亜種の分布を示した。

❹**イラスト**　特徴のわかりやすい成鳥を各種の冒頭に配置し、そこから下へ向かうほど年齢が若くなる構成とした。季節、年齢、個体差等によるできるだけ多くのバリエーションを盛り込むよう努め、飛翔、眼瞼・虹彩や翼端の部分図、他種との比較などの図も適宜配置し、さらに重要な特徴には引き出し線で解説を加えた。

❺**写真**　写真についても成鳥を冒頭に配置し、下へ行くほど年齢が若くなる構成とした。各年齢や羽衣ごとに、できるだけ典型的でわかりやすいものを優先的に掲載したが、同時に個体差の幅を示す意味で、やや典型から外れるもの等も適宜掲載した。各写真のキャプションには特徴の解説と共に、撮影都道府県名と日付および撮影者（OU：氏原巨雄、MU：氏原道昭）を付記した。また外国人読者にも最低限の情報を提供するため、各年齢・羽衣の後に略号（ad：成鳥　juv：幼鳥　s：夏羽　w：冬羽　?：未確定／例えば、或鳥夏羽＝ad.s、第1回冬羽＝1wなど）を付記し、海外で撮影したものについては撮影地名を英語表記とした。

この図鑑の使い方

用語解説

種 生物分類の基本単位。多数の概念・定義があるが、「実際に、そして可能性も含めて互いに交配できる集団であり、そして他の同様な集団とは生殖的に隔離されているもの」という E.マイヤーによる生物学的種概念が最もよく知られている。

亜種 種の一つ下の分類単位。同じ種の中に、地域によって大きさ、形態、羽色などに差異がある個体群を亜種として区別することがある。後年の研究の進展によって別種とされたり、逆に亜種を区別しなくなったりする場合もある。

基亜種 名義タイプ亜種、原名亜種とも呼ばれる。学名が種小名と同じ亜種のことで、分化の元になった亜種といった意味ではない。

単型種 単型は生物の分類体系で一階級下の項目が単一であることをいい、単型種は亜種が認められていない種。

羽衣・羽装 体に生えている羽毛全体を指し、幼羽から成鳥へと成長に伴い段階的に変化していく。

雛 孵化後から幼羽が生え揃うまでの個体。カモメ類では綿毛のような幼綿羽に覆われ、開眼した状態で孵化するが、巣またはその周辺に留まり親鳥の給餌を受けて育つ（半早成性）。

幼羽 孵化後最初に生える正羽（羽軸のある羽）で、これが生えそろった段階で飛翔が可能になる。幼羽を纏った個体もこの図鑑では幼羽と表す。

幼鳥 幼羽が生え揃ってから成鳥になる前の段階の個体全般を指す。この図鑑では幼羽を纏った幼鳥については「幼羽」とのみ表記し、幼鳥は主にそれ以降の成鳥に達しない段階の個体を広く指す語として使用した。一般には若鳥という語もよく使われるが、この図鑑では幼鳥に統一する。

第1回冬羽 幼羽後の部分換羽で得られる羽衣。カモメ類では頭部、上背から肩羽、胸から脇が換羽し、雨覆、風切、尾羽は幼羽を残していることが多いが、換羽の進行は種や個体によりかなり幅があり、冬の間に雨覆の大半を換羽するものや、ほとんど換羽しないまま幼羽が摩耗するものもいる。

第1回夏羽 生まれた翌年の春から夏頃の羽衣を便宜上指す語だが、実際には全身換羽の過程にあることが多い。またユリカモメなど小型カモメ類では、春に部分換羽により頭部が不完全ながら成鳥夏羽に似た頭巾状のパターンを示すものも多い。

第2回冬羽 生まれた翌年の秋から冬の羽衣。小型カモメでは成鳥にかなり近い羽色になり、大型カモメでは上背や肩羽に青灰色の羽毛が現れる程度のものが多い。

成鳥 幼鳥に対する用語で、これ以上成長による羽衣の変化が起こらなくなった年齢の個体。カモメ類では翼や嘴などの暗色部の年齢による減少が止まった段階ともいえるが、この暗色部は成鳥でも個体、季節、年による多少の増減も見られ、厳密な規定が難しい面もある。

夏羽 生殖羽や繁殖羽ともいい、繁殖に関わる羽衣。大型・中型カモメでは頭部が白くなり、嘴や眼瞼の色が鮮やかになるのが一般的。小型カモメでは頭部が頭巾状に黒くなる種が多い。一般に低緯度で繁殖する種ほど早く夏羽になり、ウミネコでは1月、オオセグロカモメでは2〜3月に多くの成鳥が夏羽になる。

冬羽 非繁殖羽ともいい、繁殖とは関わり

ない羽衣。大型・中型カモメでは頭から胸に褐色斑が出るものが多く、小型カモメでは耳羽付近に黒斑があるものが多い。低緯度で繁殖する種や亜種では晩夏～初冬が冬羽の期間に当たるものも多い。

縦斑　体の軸に平行な斑

横斑　体の軸に直角に現れる斑。

換羽　古い羽毛が抜けて、新しく生え換わること。カモメ類を含む多くの鳥では翼や尾羽を含む全身換羽と、頭部や体羽を中心とした部分換羽を毎年交互に繰り返す。カモメ類では種や亜種ごとに起こる時期に傾向があり、識別の目安となる場合がある。

摩耗　羽が擦り切れること。これにより、カモメ類の成鳥では初列風切先端の白斑が縮小または消滅することがよくある。

褪色　羽色が褪せること。摩耗と並行して起こる。特に幼鳥に見られる褐色の羽毛は褪色の影響を受けやすく、オオセグロカモメなどが晩冬から春先にかけて全体に著しく白っぽい羽色を呈し、他種との混同の原因になることがある。摩耗と褪色の進んだ羽は輪郭が崩れて淡色になるため、新たに生えてきた羽との差異から換羽状態を見極める手がかりになることが多い。

体上面、体下面　翼の基部を境として、体の背側が上面、腹側が下面。

体羽　翼や尾羽などを除く体に生えている羽。

背の灰色　通常鳥類の背は上背や下背を指し、肩羽や雨覆を含まないが、カモメ類成鳥では上背・肩羽・雨覆が均一な青灰色を呈し、この色の濃さが識別の手がかりになるケースが多いため、この図鑑ではこの範囲の灰色を指す語として「背の灰色」または「背の青灰色」を用いる。

越冬　冬の期間留まり過ごすこと。ただし実際には越冬期間中も状況に応じてある範囲内でランダムに移動している場合がある。

越夏　広義には夏を過ごすことだが、繁殖に参加しない幼鳥などが夏期に越冬地や中継地に留まることを指す場合が多い。

冬鳥　秋に日本に渡来して冬を過ごし、春に再び日本より北の地域へ戻って繁殖する種。日本で見られるカモメ類では国内繁殖するウミネコとオオセグロカモメ以外のほぼ全てがこれに該当するが、実際は冬期にも種や個体によっては移動（放浪）を続けている場合もある。

迷鳥　本来の分布域と異なる地域に、渡りのルートから大幅に逸れて迷ってきた鳥。ただし一見偶発的な迷行のように見えても、越冬分布の拡大の一端である可能性もあり、定義が曖昧な面もある。

留鳥　同一地域に年中いて、季節的な移動を行わない鳥。ただし実際は個体が入れ替わっていたり、長距離を移動したりしている場合もある。

旅鳥　繁殖地と越冬地を往復する途中に立ち寄る鳥。国単位では冬鳥といえる種でも、国内のある地域に限定すると旅鳥に該当することもよくある。

全長　鳥を上向きに寝かせ、嘴の先から尾の先までを測った長さ。

翼開長　左右の翼を真っ直ぐ開き、先から先までを測った長さ。

各部位の名称

各部位の名称

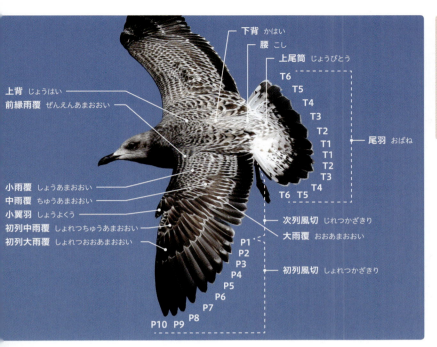

カモメ類の年齢による羽衣の変化

カモメ類は、毎年部分換羽と全身換羽を繰り返しながら、何年もかかって白と灰色を基調とした成鳥の羽色になる。原則としてユリカモメなどの小型カモメでは3年目、ウミ

大型カモメ（セグロカモメ）

幼羽 juv. ほぼ全身褐色で、雨覆に横斑があるなど、中型カモメより模様が複雑な傾向。嘴はほぼ黒い。

第1回冬羽 1w 上背、肩羽、顔から脇などが新羽に換羽し、未換羽の翼や尾羽は摩耗が進む。換羽は雨覆に及ぶ場合もある。

第2回冬羽 2w 夏期に風切尾羽を含む全身換羽をし、続けて上背や肩羽に成鳥のような灰色の羽が出るが、その範囲は個体差が大きい。嘴は基部が色。

中型カモメ（ウミネコ）

幼羽 juv. ほぼ全身褐色で、肩羽や雨覆の模様は軸斑と羽縁だけの単純なものが多い（一部例外あり）。

第1回冬羽 1w 上背、肩羽、顔から脇などが新羽に換羽し、未換羽の翼や尾羽は摩耗が進む。換羽は雨覆に及ぶ場合もある。

第2回冬羽 2w 大型カモメ概ね同様の変化が起こるが、灰色はより雨覆まで広がる傾向が強い。

小型カモメ（ユリカモメ）

幼羽 juv. 頭頂や後頸、肩羽・雨覆の軸斑などに褐色部がある。一部の種を除いて尾羽と次列風切に黒帯がある。

第1回冬羽 1w 頭頂や後頸の褐色がなくなり、上背から肩羽が灰色の羽に換羽する。

第2回冬羽 2w ほぼ成鳥に近いが、三列風切や尾羽に黒斑が残るものもいる。ユリカモメなどでは嘴と足の色が第1回冬羽と成鳥の中間。

セグロカモメ第1回冬羽（左）と第2回冬羽（右） 大型カモメ第1回冬羽の雨覆（幼羽）は模様が規則的で直線的な傾向。第2回冬羽ではこれが細かく波打つ・かすれる・潰れるなど、不規則で不均一な傾向。特に第2回冬羽で背の青灰色が出ていない個体の年齢識別に役立つ。

ネコなどの中型カモメでは4年目、セグロカモメなどの大型カモメでは5年目で成鳥になるが、特に大型カモメ類では個体差も大きく、同年齢でもかなり羽色が異なる例が標識調査などからも知られており、成鳥に近い年齢になるほど判断が難しくなる傾向がある。

年齢による羽衣の変化

第3回冬羽 3w　上背、肩羽、雨覆の大部分が青灰色になるが、一部褐色部が残ることが多く、その範囲は個体差が大きい。第4回冬羽との区別が困難な場合もある。

第4回冬羽 4w　成鳥より嘴の色が鈍く黒斑があり、小翼羽や尾羽などに黒褐色斑が残るが、成鳥と区別が困難なこともある。

成鳥冬羽 ad. w　白と灰色を基調とした羽色が完成する。嘴の黄色と赤斑が明瞭になり、嘴の黒斑や、初列雨覆の黒色部が縮小または消滅する。

第3回冬 3w　大型カモメより成鳥に近づくことが多く、成鳥との区別が難しい場合もある。

成鳥冬羽 ad. w　白と灰色を基調とした羽色が完成する。日本では唯一ウミネコだけが尾羽に黒帯が残るが、他の種では白くなる。

成鳥冬羽 ad. w　白と灰色を基調とした羽色が完成する。嘴と足は赤や黒の種が多い。

成鳥夏羽　大型カモメ・中型カモメでは頭部の褐色斑がなくなって白くなり、小型カモメではフード状に頭部が黒くなる種が多い。

セグロカモメ　ウミネコ　ユリカモメ

初列風切の換羽

ここではセグロカモメ成鳥を例に、初列風切の換羽状態の見方を図解する。カモメ類の初列風切は一部の例外を除き、最内側のP1から最外側のP10へ向かって1枚ずつ順に換羽していく。この換羽の時期は種や亜種ごとに概ね傾向があり、どのような

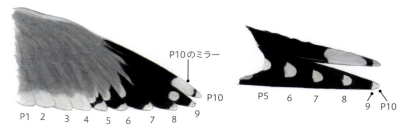

換羽完了 換羽が完了し、全ての羽が揃っている状態。静止時（右図）は、P10はP9に、P5は三列風切に重なって見えないことも多いが、手前側の翼上面に最低4つの白斑と、下面にP10のミラーが図のように見えていれば換羽が完了していると判断することができる。

摩耗・褪色 春から繁殖期にかけて徐々に摩耗・褪色が進む。各羽先端の白斑が摩耗して縮小または消滅し、黒色部は褪色により褐色味を帯びてくる。

内側（P1）から外側へ順に換羽が進む

内側初列風切の換羽 その後、最内側のP1から最外側のP10へ向かって順に換羽が進む。図はP1〜P4までの換羽が完了し、P5とP6が伸長中、P7〜P10が旧羽という状態。静止時も上面はP7の基部寄りが裸出して通常とパターンが異なるため、換羽中であることが一目でわかる。ただし例外として、激しい水浴びの最中などに重なりが入れ替わることで、換羽中でない個体が換羽中のように見えることがあるので要注意。

換羽状態にあるかを見極めることが、種や亜種の識別の手がかりになることが多々ある。一部例外もあるが、北半球では概ね北方の種や亜種ほど換羽時期が遅い傾向がある。

例えばモンゴルセグロカモメとオオセグロカモメでは11〜12月、セグロカモメでは12〜1月、"タイミルセグロカモメ"では1〜3月に換羽を完了する個体が多い（以上全て成鳥）。ただし個体差とオーバーラップもかなりあるので、この点だけでの識別は避け、他の特徴を含めた総合的な判断を心がけたい。

初列風切の換羽

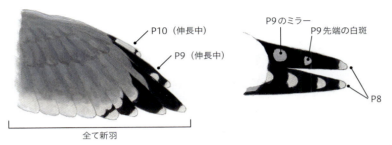

旧羽が全て脱落　旧P10が脱落すると翼が短く見える。図はP1〜P8までが完了、P9とP10が伸長中。静止時は手前側の翼上面に見える白斑の数が少ないこと、向こう側の翼下面にP10のミラーが見えないことなどから、換羽が未完了であることは容易にわかる。

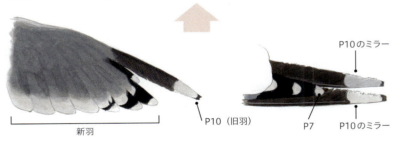

旧羽が1枚残っている状態　さらにP9が抜け落ちると旧羽はP10のみとなる。上面・下面ともにP10のミラーが見えるため、両翼のミラーの大きさと形状が同じに見えるのがこの段階の特徴。図はP1〜P7が完了、P8が伸長中、P9が脱落、P10が旧羽。

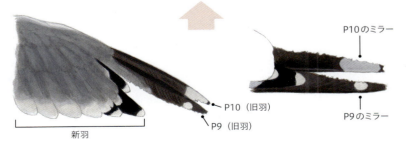

旧羽が2枚残っている状態　P8が脱落すると、静止時はP9が上面に裸出する。P10とP9はほぼ同長で重なるため、手前側の翼上面にP9のミラーが、向こう側の下面にP10のミラーが見える形となり、このパターンによって遠目からも容易に換羽状態を判断できる（ただしP9のミラーはない個体もいるので注意）。図はP1〜P7が完了、P8は脱落、P9とP10は旧羽。

25

日本で繁殖するカモメ類

日本国内ではウミネコとオオセグロカモメの2種のみが繁殖している。

ウミネコ *Larus crassirostris*
ウミネコは国内では北海道から鹿児島県に至る広範囲（伊豆諸島も含む）の島嶼や岬のコロニーが知られているが、東北地方に特に多い。近年では東京都区部のビルの屋上などの人工建造物での繁殖例が増加した一方で減少が目立つ地域も多く、2017年に改訂された北海道レッドリストでは準絶滅危惧種に指定されている。
（上）岩上のコロニー　（下）親鳥と雛
2003年5月26日　青森県　渡辺義昭

オオセグロカモメ *Larus schistisagus*
オオセグロカモメは国内では新潟県・宮城県以北で繁殖が知られ、北海道に特に多い。島嶼や岬の断崖の他、港の防波堤や建物の屋根などの人工建造物で営巣するものも多い。1980年代から1990年代にかけて増加が著しかったが、近年再び減少に転じ、2017年に改訂された北海道レッドリストで準絶滅危惧種に指定されている。
（上）断崖に作られた巣　2003年6月21日　（下）親鳥と雛　6月8日　北海道　渡辺義昭

カモメ類の見分け方

基礎から始める5ステップ──1　初めの一歩は大・中・小

　カモメ類は便宜上大きさから、大型カモメ（セグロカモメなど）・中型カモメ（ウミネコなど）・小型カモメ（ユリカモメなど）の3つのグループに大別することができ、これが識別の基礎中の基礎になる。特に日本で見られる種ではこの3グループの差はかなり明瞭なので、いつでもどこでも瞬時にこの大・中・小を判断できるくらいに目を慣らすようにするとよい。

左からセグロカモメ（大型カモメ）、ウミネコ（中型カモメ）、ユリカモメ（小型カモメ）、ウミネコ（中型カモメ）。それぞれ個体差もあって、写真の2羽のウミネコでは右の個体の方が大きく見えるが、それでも3種が概ね大・中・小の関係になっていることに注意。

基礎から始める5ステップ──2　普通種の成鳥を覚えよう

　次に重要なのは普通種の成鳥の大まかな特徴を覚えること。ある地域でごく普通に見られる種はかなり限られるので、嘴の色とパターン、足の色、背の灰色の濃さ、尾羽の黒帯の有無、翼の先端部（初列風切）の大まかなパターンといった特徴の組み合わせで、初心者でも概ね見分けられるようになるはずだ。例えば日本で普通に見られ、嘴と足が赤い種はユリカモメしかいないし、成鳥で尾羽に黒帯がある種はウミネコしかいないので、こうしたわかりやすい普通種の成鳥をまずはじっくり観察し、いつどこで見かけても瞬時にその種とわかるくらいに目を慣らすとよいだろう。場所にもよるが、ユリカモメ、カモメ、ウミネコ、セグロカモメ、オオセグロカモメの5種がまず覚えたい普通種といえる。

ユリカモメ *Chroicocephalus ridibundus*
成鳥冬羽 ad. w　日本で見られる小型カモメの圧倒的多数を占めるのはこのユリカモメ。しかも嘴と足が赤い種は、ハシボソカモメなどの非常に珍しい種を除けば他にないので、カモメ入門者はまず初めに覚えたい種。眼の後ろに黒斑があり、背の灰色は淡い。2018年2月19日　神奈川県　MU

ウミネコ *Larus crassirostris* **成鳥冬羽 ad. w**
嘴は先端から明瞭な赤・黒・黄のパターン。尾羽に太い黒帯。足は黄色。2016年12月19日 千葉県　MU

カモメ *L. canus* **成鳥冬羽 ad. w**
嘴は黄色で無斑か不明瞭な黒斑がある。背の灰色はウミネコより淡い。尾羽は白い。足は黄色。2016年3月15日　千葉県　MU

セグロカモメ *L. vegae* **成鳥冬羽 ad. w**　嘴は黄色で下嘴に赤斑。初列風切は黒地に白斑。足はピンク。2019年2月4日　千葉県　MU

オオセグロカモメ *L. schistisagus* **成鳥冬羽 ad. w**　セグロカモメに似るが、背の灰色は明らかに濃い。2016年3月15日　千葉県　MU

基礎から始める5ステップ──3　難関？　若い個体（幼鳥）はどうする？

　カモメ類はごく大まかに言うと、生後1年目ではほぼ全身褐色（大・中型カモメ）か、または翼などに褐色部があり（小型カモメ）、尾羽に暗色帯があるが、こうした若い特徴は何年もかけて徐々に減退していき、すっきりした白と灰色を基調とした、一般的な「カモメ」のイメージ通りの姿（成鳥）になる。若い個体の羽色は個体差も大きく、特に大型カモメではベテランでも種の識別が難しい場合があるので、初めから全て結論を出そうとせず、まずは年齢ごとの大まかな変化の傾向を理解するとともに、ユリカモメやウミネコなど、わかりやすい種を確実に見分けられるようになることから始めるとよい。年齢が違っても同種なら基本的な大きさと体型は同じなので、この際にも前2項目の基礎的な観察経験が生きてくるはずだ。

基礎から始める5ステップ──4　数の少ない種を探してみよう

　普通種を概ね見分けられるようになったら、もう少し数の少ない種を探してみよう。対象種は地域により異なるが、ワシカモメ、シロカモメ、"タイミルセグロカモメ"、アイスランドカモメ（亜種カナダカモメ）、ミツユビカモメ、ズグロカモメなどだ。特に大型カモメでは、普通種の個体差や雑種などで紛らわしい例もあって判断に悩む機会も多いはずだが、根気よく観察を続けていると、「なるほどこれならわかる！」と思える個体に出会えることがあり、ここがカモメ類識別の大きな醍醐味の1つといえる。ただし本来の分布域が遠く、日本では僅かな観察例しかない種（カ

スピセグロカモメなど）は通常そう簡単に見られるものではないので、もしやと思う個体を見かけた場合は、普通種の個体差などの可能性も含めてより慎重に検証し、難しい場合はひとまず結論を保留する姿勢も必要だろう。

基礎から始める5ステップ──5　個体識別の勧め

　カモメ類の個体差の大きさは、しばしば種の識別で観察者を悩ませる反面、その分個体識別が容易という利点もある。数の少ない種であったり、特徴のある個体であったりなど、ある程度の条件はあるが、経験豊富な観察者は個体識別によって経年で年齢による変化を観察できることがある。そしてこれがより精度の高い種の識別にも寄与することがあり、本書でもその成果を随所に盛り込んだ。もちろん標識による個体識別でない限りかなり経験を要するので、個体の取り違えが起きないように細心の注意が必要だが、観察力・注意力を高める上でもとても有効なので、機会があればぜひとも挑戦して頂きたい。

注意すべき点──1　個体差と性差

　カモメ類の雌雄は同色で見分けは難しいが、一般に雄の方が体が大きめで嘴も大きく、頭は額が低くて前後に長く、その割に眼が小さく見え、精悍な印象を受ける個体が多い。これに対して雌は体が小柄で頭が丸くて嘴は小さめ、翼はやや長めで、幾分可愛らしい印象に見える傾向がある。さらに同性内でも個体差はかなりあるので、セグロカモメとアイスランドカモメ（亜種カナダカモメ）のように、大きさや頭の形、嘴の大きさが識別の鍵になる種では、この個体差と性差も考慮に入れながら、他の識別点と併せた観察が重要になる。

行動からつがいと思われるワシカモメ *L. glaucescens* 成鳥夏羽 ad. s 2羽。左が雌で右が雄。雄の頭部は大きくがっしりとしていて、嘴も分厚く見える。ただし単独での雌雄の識別は難しいことが多い。2019年3月18日　千葉県　MU

注意すべき点──2　行動による印象の変化

　カモメ類に限らず、鳥類は全身を羽毛に覆われ、さらに首の伸び縮みもあるため、状況により印象が大きく変わってしまうことが珍しくない。休息時や羽繕い時に羽毛を膨らませていると頭は丸く、嘴と足は短く見え、緊張したり活発に採餌たりしている時、または強風時には全身の羽毛が寝て、額が平らで体が細くなり、相対的に嘴と足が長く見えるので、状況を十分考慮に入れた観察が必要だ。

左右は同じ日に撮影した同一個体のアイスランドカモメ（亜種クムリーンカモメ）*L. glaucoides kumlieni* 第1回冬羽 1w。やや緊張状態の左の写真では額や腹の羽毛を寝かせているため、嘴がやや長めに、足も脛が裸出して長く見える。2009年3月27日　千葉県　MU

注意すべき点──3　　光線状態

　背の灰色や初列風切の色の濃さは、カモメ類の識別の重要な注目点の1つになるが、光線状態と体の向きによって全く違って見えることが多い。実際は明らかに差があるはずのオオセグロカモメとセグロカモメの背中の色が接近または逆転して見えてしまったり、逆にセグロカモメしかいない群の背中の色がバラバラに見えてしまったり、ということが起こる。さらに写真では露出の設定や、印刷やモニターの調整で違って見えることもあるので、こうした諸条件を念頭に置きつつ、可能であれば極力同条件での直接比較から正確な濃さを把握するようにするとよい。写真は左がセグロ

カモメ、右がオオセグロカモメだが、画面右手から光が差しているために、一見背の灰色の濃さが逆転しているように見える。

注意すべき点──4　　1つの特徴で識別しない

　カモメ類の一つ一つの特徴は、それら単独では他種と共通であったり、個体差や例外があったりするものの方がむしろ多いので、1つの特徴で結論を出してしまうと誤認につながる恐れが大きい。できるだけ多くの特徴を観察し、総合的な判断を心がけよう。

注意すべき点──5　　直観と分析

　その鳥の持つ全体的な印象や雰囲気（英語では"jizz"と呼ばれる）をまずは大掴みに、直観的に把握する視点と、各部の特徴を一つ一つ分析的に観察していき、論理的に識別を組み立てていく視点はどちらも重要。この2つは必ずしも相反するもので はなく、一方を高めることで他方をさらに研ぎ澄ますことも可能なので、どちらかに極端に偏らずに、できるだけ両方をバランスよく組み合わせながら観察に取り組むとよいだろう。

セグロカモメ

Larus vegae
Vega Gull

亜種セグロカモメ
Larus vegae vegae
Vega Gull

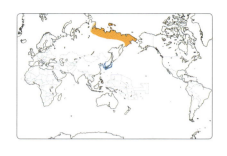

■**大きさ** 全長52〜64cm、翼開長115〜145cm。■**分布・生息環境・習性** ロシア東部のチュクチ半島からタイミル半島にかけて広く繁殖する。日本では主に本州から九州の海岸・漁港・河口・干潟等で群を作って越冬し、一部は河川中流域や内陸の湖沼でも見られる。北海道では南部で越冬する他は多くが春秋に通過する。ワシカモメやオオセグロカモメに比べて平坦な環境を好む傾向があり、岩礁地帯よりも砂浜や干潟で見られる割合が高い。■**分類** IOC World Bird List v 9.2ではモンゴルセグロカモメと本亜種を同種として扱っており、本書はこれに従った。これにアメリカセグロカモメを加えて1種とする説もある。また、ノヴォシビルスク諸島以西のものを*birulai*という亜種に分ける説もあり、背の灰色がやや淡いなどの特徴が言われるが、現状では区別は難しく、この亜種は無効とする見解も多い。本書では後者の見解に従った。■**鳴き声** オオセグロカモメよりテンポが速くややかすれた、クアークアークアークアークア…などと聞こえる声で長鳴きをする。鳴き出しは長く伸ばすが中盤以降に速く小刻みになる傾向。■**特徴** オオセグロカモメと並んで日本で最も普通に見られる大型カモメ。オオセグロカモメよりスリムで翼が長めだが、"タイミルセグロカモメ"やモンゴルセグロカモメよりは翼が短くずんぐりした印象で、最も標準的な体型。
■**成鳥** 背の灰色の濃さはKGS：5.5-7(8)で、ユリカモメとウミネコの中間。嘴は黄色で下嘴に赤斑があり、足はピンク（黄色味がかる個体もいる可能性があるが、"タイミルセグロカモメ"との区別が難しい）。虹彩は黒褐色から黄白色まで極めて個体差が大きいが、オオセグロカモメやアメリカセグロカモメに比べて、遠目には暗色に見える個体の割合が高い。眼瞼は赤〜橙で、朱色くらいに見える個体が多い。黒色部のある初列風切は通常5〜7枚で、6枚の個体が最も多く、次いで7枚の個体が多い。8枚の個体の観察例もあるがごく稀。初列風切の換羽時期はオオセグロカモメより遅く、12〜1月頃に完了する個体が多い。

夏羽 頭部は純白。嘴は鮮やかな黄色。夏羽への移行はオオセグロカモメよりかなり遅く、3月半ばまで冬羽に近い個体が大多数を占めるが、早く夏羽になった個体はモンゴルセグロカモメとの区別に細心の注意が必要。

冬羽 頭部から胸にかけて灰褐色の斑が広く出る。この斑はカナダカモメ・ワシカモメより明瞭な筋状だが、"タイミルセグロカモメ"・モンゴルセグロカモメよりはソフトで、特に胸側部でボタボタとした太くぼやけた丸斑になる傾向が強い。しかしこの斑の出る範囲と質は個体差が極めて大きく、中には冬を通して頭部の大半が白く見える個体もいる。

■**第4回冬羽** 概ね成鳥冬羽に似るが、嘴、初列雨覆、小翼羽、尾羽などに黒斑が残ることが多い。嘴は黄色が鈍く、赤斑の発達が弱い傾向。ただし成鳥や第3回冬羽

でも個体によっては似る可能性があり、判断が難しいことが多い。

■**第3回冬羽** 成鳥冬羽に似るが、嘴は基部が肉色で先端は黒い。雨覆・三列風切・次列風切・尾羽に、個体により様々な程度に黒褐色の斑紋がある。内側初列風切は第2回冬羽と異なり、成鳥に似たパターンになる。

■**第2回冬羽** 嘴は基部が肉色で先端が黒色。第1回冬羽に比べ、体上面は波打った横斑や粒状斑、さらに模様が潰れたような箇所も見られ、全体に模様が不規則な傾向。上背から肩羽は成鳥同様の青灰色の羽が見られるが、この範囲は雨覆まで及ぶものからほとんど青灰色が出ないものまで、極めて個体差が大きい。頭から腹は灰褐色斑に広く覆われる傾向が強いが個体差が大きく、斑が少ない個体はモンゴルセグロカモメや"タイミルセグロカモメ"との区別が難しい場合がある。

■**第1回冬羽** 全体に褐色に見え、嘴は黒色で基部に不明瞭な肉色部がある。上背から肩羽は灰褐色の地に錨模様がある羽に換羽するが、換羽の進行は個体差が大きく、11月頃に肩羽の大半を換羽しているものから、3月でもほぼ幼羽のままの個体も見られる。しかし一般に換羽・摩耗・褪色はオオセグロカモメよりかなり遅く、同時期の比較ではより羽毛が新鮮で整った印象に見える個体が多い。

■**幼羽** 上背から肩羽は淡色の羽縁により鱗状に見えるが、軸斑はヒューグリンカモメや"タイミルセグロカモメ"より淡色の切れ込みが入ってひょうたん型や矢印型に見える個体が多い。大雨覆は暗色の横斑が規則的に並び、飛翔時に暗色帯を形成しないのが普通。外側初列風切は黒褐色で、内側初列風切は淡色のウィンドウを形成する。尾羽は中程度の幅の暗色帯があり、基部は横縞がある。

■**幼羽・第1回冬羽の類似（亜）種との識別**

オオセグロカモメより全体の色調は褐色味が弱めでやや寒色系に見え、暗色部と明部のコントラストはより強い。特に外側初列風切は黒味が強く、淡色の内側初列風切とのコントラストが目立つ。雨覆の模様はより規則的なチェック柄に見えることが多い。翼はやや長めでスリムな体型に見える傾向。

モンゴルセグロカモメよりは褐色味が強く、特に頭から体下面は一様に褐色に見える傾向。加えて換羽・摩耗・褪色が遅いため、冬の間に極端に羽色が白くなることは少ない。尾羽の暗色帯は幅が広く、基部に縞が多いが、個体によってはパターンがオーバーラップすることがある。体型は翼や足が短めでややずんぐりしていることが多い。ただし以上の各特徴は個体差もかなり大きく判断の難しい個体もいるため、極力多くの特徴を総合して判断する必要がある。

鳥冬羽 ad. w 11月から3月まで、大多数の個体で頭から胸の広範囲に褐色斑がある。ただし斑がわずかで頭が白っぽい個体も一部いるので、亜種モンゴルセグロカモメなどの識別は多くの特徴を総合して判断する。2017年12月26日 千葉県 MU

亜種セグロカモメ

成鳥夏羽 ad. s 夏羽への移行はオオセグロカモメやモンゴルセグロカモメより遅く、3月でも完全に頭が白い個体は少ない。モンゴルセグロカモメよりややずんぐりした体型で、足のピンク色は濃い傾向。2017年3月28日 千葉県 MU

成鳥冬羽 ad. w 頭から胸にかけて褐色斑が出る。斑の質はモンゴルセグロカモメや"タイミルセグロカモメ"より柔らかく太いが、カナダカモメよりは細く明瞭な傾向。2017年1月23日 神奈川県 MU

成鳥冬羽 ad. w 虹彩がやや淡い個体。尾端からの初列風切の突出はモンゴルセグロカモメや"タイミルセグロカモメ"より小さい傾向で、この個体のように尾端がP7付近に位置する個体が多い。2017年1月23日 神奈川県 MU

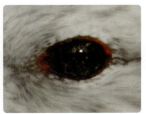

虹彩は暗褐色から淡黄色まで変異が大きいが、遠目には暗色に見える個体の割合が高い。眼瞼は橙〜赤で、オオセグロカモメやカナダカモメ、アメリカセグロカモメとの区別に役立つ。

亜種セグロカモメ

成鳥冬羽 ad. w 両個体ともP1(?)とP9の2枚が旧羽。同時期に"イミルセグロカモメ"はより多(く?)の旧羽を持ち、モンゴルセグロ(カ?)モメでは旧羽がすでにない個体(が?)多い。ただし個体差も大きい(の?)で、この点だけでの識別は不可(能)。2016年11月7日 神奈川県 M(U)

成鳥冬羽 ad. w 初列風切のパターンの個体差。黒色部を持つ初列風切の枚数は、左の個体が6枚、右の(個)体は7枚。ミラーは左の個体がP10とP9の2個、右の個体はP10の1個のみ。どちらも普通に見られ(る)。2008年2月15日(左)、1月15日(右) 千葉県 MU

成鳥冬羽 ad. w 黒色部のある初列風切が5枚の個体。6〜7枚の個体よりずっと少ない。2019年2月26日 千葉県 MU

成鳥冬羽 ad. w 例外的に初列風切の黒色部が8(枚)に及ぶ個体。見る機会はかなり少ない。2016年(?)月17日 東京都 MU

亜種セグロカモメ

成鳥冬羽 **ad. w**　初列風切を換羽中で、P10が旧羽、〜は脱落、P8が伸長中。2016年11月29日　神奈川県　MU

成鳥冬羽 **ad. w**　初列風切のパターンがカナダカモメに似る個体。他の特徴を総合的に見る必要がある。2019年1月14日　千葉県　MU

第3回冬羽 **3w**　雨覆に淡褐色部が多い個体。2016年3月15日　千葉県　MU

第3回冬羽 **3w**　雨覆の大部分が青灰色の個体。2017年1月17日　千葉県　MU

第3回冬羽 **3w**　翼に褐色部の多い個体だが、内側列風切は成鳥と同様のパターン。2019年3月5日　千葉県　MU

第3回冬羽 **3w**　左より成鳥に近い羽色の個体だが、初列雨覆・小翼羽・尾羽に黒斑がある。2016年2月16日　千葉県　MU

亜種セグロカモメ

第2回冬羽 2w 体上面の青灰色が雨覆に及ぶ個体。内側初列風切は成鳥のようなパターンではない。翼の欠損は換羽ではなく事故？によるもの。2018年4月2日 千葉県 MU

第2回冬羽 2w 体上面の青灰色があまり出ていない個体。雨覆の模様は第1回冬羽より波打ったりれた箇所が多くて不規則。2017年1月17日 千葉県 MU

第2回冬羽 2w 体上面の青灰色がほぼなく、ミラーもない個体。尾羽の帯の境界は第1回冬羽より不明瞭。2017年1月30日 千葉県 MU

第2回冬羽 2w 体上面の青灰色が雨覆にも及でP10にミラーがある個体。2017年4月3日 千葉県 MU

第1回冬羽→夏羽 1w→1s 摩耗褪色が進んで全体に白っぽく、一見モンゴルセグロカモメに似る個体だかそれより模様が不鮮明でコントラストに乏しく、尾羽の暗色帯も幅広い。2018年4月2日 千葉県 MU

第1回冬羽（右）1w（right） 左はオオセグロカモメ。奥はワシカモメ。この3種の中では初列風切が最も黒く、雨覆は規則的なチェック柄に見える。摩耗・褪色が遅いことも手伝って、模様にメリハリがあり整った印象に見える。2017年4月3日 千葉県 MU

亜種セグロカモメ

第1回冬羽 1w（foreground） 体格や羽色にはかなり個体差がある。換羽や摩耗も個体差が大きいが、原則としてはオオセグロカモメより遅い。左は標準的な体格と羽色の個体で、換羽は遅く、4月だが肩羽は一部を除いて依然幼羽。右はかなり小さめで首から腹が暗色な個体。肩羽は大半を換羽済み。中央奥は同年齢のオオセグロカモメで、かなり摩耗褪色が進んでいる。2019年4月1日 千葉県 MU

推定されるバリエーション？　Presumed variation？

第1回冬羽 1w 幼羽・第1回冬羽の個体差の幅は完全にはわかっておらず、近似種/亜種との間で判断の難しい例がしばしば見られる。 左はアメリカセグロカモメの個体差の範囲にも収まりそうな個体だが、典型的なものよりは尾羽も含めて淡色部が多め。右はモンゴルセグロカモメ的だが、ややずんぐりした体型で尾羽基部の縞が多い。（左）2017年1月17日 千葉県 MU、（右）2019年1月14日 千葉県 MU

41

亜種セグロカモメ

第1回冬羽 1w オオセグロカモメより外側初列風切、次列風切、尾羽の黒味が強く、それ以外とのコントラストが目立つ。内側初列風切は淡色のウィンドウを形成。大雨覆は普通暗色帯にならない。尾羽の暗色部は狭い個体（右）ではモンゴルセグロカモメ、広い個体（左）ではアメリカセグロカモメとオーバーラップするが、平均して中間程度。2018年4月2日（左）、2018年3月12日（中央）、2017年4月3日（右） 千葉県 MU

第1回冬羽 1w 全体に白色部が多く、尾羽も暗色帯が多重に見える個体が少数見られる。羽色の淡さから一見モンゴルセグロカモメに似ることがあるが、それよりずんぐりした体型で翼も短めで、各暗色部の黒味が弱めでコントラストに欠ける。シロカモメとの交雑が遠因になっている可能性もある。2018年3月1日 千葉県 MU

幼羽 juv. 初列風切はオオセグロカモメより長めで、黒味が強くて全体とのコントラストがある。2018年12月24日 千葉県 MU

幼羽 juv. 左よりコントラストが強めの個体。胸から腹はモンゴルセグロカモメや"タイミルセグロカモメ"より暗色傾向。2018年12月10日 千葉県 MU

セグロカモメ

Larus vegae
Vega Gull

亜種モンゴルセグロカモメ

Larus vegae mongolicus
Mongolian Gull

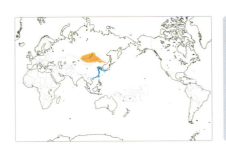

■**大きさ** 全長59〜70cm、翼開長140〜155cm。■**分類** 本書ではIOC World Bird List v 9.2に従いセグロカモメ*L.vegae*の一亜種として扱った。カスピセグロカモメ*L.cachinnans*の一亜種、または独立種として扱われることもある。■**分布・生息環境・習性** ロシアのアルタイ共和国からザバイカルにかけてと、モンゴル、中国のフルンボイル市、また一部が韓国西海岸で繁殖。ロシア東部のハンカ湖やウジル湖にも本亜種と考えられる繁殖個体群が知られる。越冬分布の中心は黄海周辺で、日本では秋から春にほぼ全国的に見られるが数は少なく、関東地方での観察頻度は大型カモメ類数百〜数千羽に対して1日に通常0〜5羽程度。西日本ではより頻度が高めの傾向。■**鳴き声** 亜種セグロカモメ（以下セグロカモメ）によく似た、クアークアークアクアクア…などと聞こる声で長鳴きをする。この際の姿勢も亜種セグロカモメと同様で、カスピセグロカモメのように翼を開かない。■**特徴** セグロカモメに酷似するが、嘴、頸、足、翼など、全体的にいくらか長い体型に見える傾向。静止時の翼端の突出はセグロカモメより長い傾向で、尾羽の先端がP7先端に届く個体は少ない。換羽時期はセグロカモメより平均して約1ヶ月早い。典型的な個体はセグロカモメの群中でもよく目立ち十分識別可能だが、個体差も大きく判断の難しい個体もよく見られるので、セグロカモメや"タイミルセグロカモメ"の個体差の可能性も考慮して慎重に判断する必要がある。

■**成鳥** 背の灰色はKGS：5-6で、セグロカモメと同程度か僅かに淡く見える個体が多い。初列風切のパターンはセグロカモメに似るが黒色部はより多い傾向で、P10〜P4まで7枚に及ぶ個体が最も多く、次いでP3まで8枚の個体も多い。6枚の個体は少数派で約1割程度。ただし"タイミルセグロカモメ"やヒューグリンカモメも同様に黒色部の多いパターンなので、他の特徴も総合的に観察する必要がある。

夏羽 頭部は純白。嘴は鮮やかな黄色で、赤斑と共に黒斑を持つ個体の割合がセグロカモメより高い（ただし黒斑は夏羽末期の8月頃には消失する傾向がある）。足の色はピンクから肉色、橙黄色まで変異が大きく、詳しく見ると肉色と黄色味が混じりあった色の個体も多い。夏羽への移行はセグロカモメより早く、2月以降には実質夏羽に近い状態の個体も多い。

冬羽 後頸を中心に褐色斑が出るが、セグロカモメより細く鋭い傾向で、ぼやけた大きな丸斑やしみ状の斑が出ないか、出てもごく限定的。斑の範囲は後頸に僅かに出る個体から、眼の周囲や胸側まで広範囲に出る個体まで様々だが、前胸部は普通白くてほぼ無斑。斑の多い個体ではセグロカモメとの識別が困難な場合があるが、夏羽への移行が早いことも手伝って、セグロカモメの群中では頭の白さが際立って見えることが多い。初列風切の換羽はセグロカモメより早く11〜12月に完了するが、個体差と

オーバーラップも大きく、最も遅い個体ではセグロカモメの平均的な個体と同程度。

嘴の色は10〜11月頃には灰色味や緑色味を帯びた鈍い黄色の個体が多いが、冬半ば以降にはすでに夏羽への移行に伴い鮮やかな黄色を呈する個体が多くなる。このため白い頭に赤斑と黒斑を持つ鮮黄色の嘴という特徴の組み合わせが、セグロカモメの群中から発見する手がかりになることが多い。足の色はセグロカモメよりやや淡い肉色に見える個体が多いが、跗蹠に黄色味があるもの、蹼はピンク味が強いもの、淡い橙に近く見えるものなどの個体差がある。

■**第3回冬羽** 嘴の色は鈍く、赤斑は未発達で太い黒芽があり、雨覆や次列風切、尾羽などに褐色部や黒斑が残る。頭から腹はほぼ白く、後頸に細い斑が出る程度の個体が多い。

■**第2回夏羽** 第2回冬羽に似るが、頭から腹がほぼ白くなり、嘴が鮮やかな黄色になる。越冬地で2月頃からほぼこの状態になる個体もいる。

■**第2回冬羽** セグロカモメ第2回冬羽に似るが、頭から腹の褐色斑は細くて限定的。特に腹はほぼ白く見えることが多く、斑はあっても小さく疎らで脇に偏る傾向。尾羽は黒帯が狭く、縞が少なくて白っぽい基部との対比が明瞭な傾向。背の青灰色の範囲は個体差が大きいが、肩羽全体と雨覆の一部まで及ぶ個体が多い。この範囲が広い個体は第3回冬羽に似るが、内側初列風切は成鳥のような灰色と白帯のパターンにならない。

■**第1回冬羽** 上背から肩羽が幼羽から換羽し、頭部から体下面も白っぽくなる。この換羽のタイミングは一般にセグロカモメより早く、11〜12月頃には肩羽が全て換羽して雨覆や三列風切が摩耗しているものも多い。この換羽と摩耗の進行の速さも手伝って、セグロカモメの群中では著しく白っぽく見え、黒い嘴や初列風切とのコントラストが強く見える。一方で換羽や摩耗の進み方には個体差があり、冬遅くまで幼羽に近い状態を保つ本亜種と思われる個体も観察されるが、その場合にはセグロカモメや"タイミルセグロカモメ"との識別はより慎重を要する。

■**幼羽** セグロカモメに酷似するが、黒味の強い模様と地色の白色部のコントラストが強い。特に体下面は淡色地に明瞭な粗い斑紋が目立ち、腹の中央は白っぽいことが多い。初列風切も黒味が強く、内側初列風切は淡色のウィンドウを形成するが、このウィンドウは個体差が大きく、かなり小さく目立たない個体もよく見られる。静止時に見える範囲の大雨覆は、白地に黒い横斑が広い間隔を置いて規則的に並ぶ傾向が強い。尾羽の暗色帯は近似種/亜種中で最も狭い。基部の斑紋は少なくて粗い傾向が強く、ほぼ無斑に近い個体も見られる。ただし尾羽のパターンも個体によってはセグロカモメや"タイミルセグロカモメ"とのオーバーラップが見られるので、他の特徴も総合して判断する。

中国の越冬地の群 日本の亜種セグロカモメと同時期の群どうしで比べると、頭が白っぽくて初列風切の換羽が早い傾向が明らか。ただし双方とも個体差はかなりあり、個体単位で見ると各特徴に重複もあるため識別は慎重を要する。2006年12月10日 Shanghai China MU

亜種モンゴルセグロカモメ

成鳥夏羽 ad. s 頭部は純白で嘴に黒斑がある。足はセグロカモメより鈍い肉色でピンク味は弱い。この個体の初列風切の黒色部はP10〜P4まで7枚にあり、P4のものは内弁・外弁両方にまたがる帯状。依然グロカモメは冬羽個体が大半を占める3月中の撮影。2019年3月25日 千葉県 MU

成鳥冬羽→夏羽 ad. w→s 典型的でわかりやすい個体。2月上旬ですでに頭がほぼ純白で、後頸にごく量の細い斑がある。嘴は鮮やかな黄色で、赤斑と黒斑がある。初列風切の黒色部はP10〜P3まで8枚。は長めで比較的直線的。静止時の初列風切の尾端からの突出は長めで嘴峰長を超え、飛翔時も翼が長く見る。足は淡い肉色。2007年2月3日 千葉県 MU

成鳥冬羽→夏羽 ad. w→s 1月の撮影だが、頭部はほとんど白く、嘴の色も鮮やか。上の個体よりやや さく嘴も短めで、雌の可能性がある。足の色は単独ではピンクにも見えるが、セグロカモメの群中では黄味や灰色味を帯びて、より鈍くて淡い肉色に見えた。初列風切の黒色部はP10〜P4の7枚で、モンゴルグロカモメでは最も多いパターン。2007年1月19日 千葉県 MU

亜種モンゴルセグロカモメ

成鳥冬羽→夏羽 ad. w→s
嘴、頸、翼、足など全体に長めに見える典型的な体型。足は蹠でピンク味が強いが、踵周辺には黄色味があり、モンゴルセグロカモメによく見られる曖昧な色合い。初列風切の黒色部はP10〜P3の8枚。2013年2月5日 千葉県 MU

成鳥冬羽 ad. w 秋から初冬は嘴の色が鈍い。後頸を中心に細い縦斑が出るが、セグロカモメより限定的で、遠目には頭が白く見える。この個体も嘴に黒斑があり、翼は長めで黒色部はP10〜P4の7枚。換羽はほぼ完了している。2016年12月15日 東京都 MU

成鳥冬羽 ad. w 後頸にかなり斑のある個体だが、太くぼやけた斑はなく、胸はほぼ白く無斑。嘴に黒斑があり、足は長めでセグロカモメよりやや淡く、背の灰色もやや淡い。初列風切は換羽を完了しており、P10〜P4に黒色部がある。個々の特徴はセグロカモメや"タイミルセグロカモメ"とオーバーラップが大きいので、総合的な判断が必要。2011年12月20日 千葉県 MU

49

亜種モンゴルセグロカモメ

成鳥冬羽 ad. w 頭から胸の斑が多くて一見セグロカモメに酷似するため、特に日本ではかなり識別に慎重を要する個体だが、斑の質は多くのセグロカモメより鋭く縦斑の傾向が強く、胸の中央部はほぼ白い。また12月9日ですでに初列風切の換羽が完了しており、黒色部はP4まで7枚。背の灰色は直接比較ではないがセグロカモメよりやや淡く感じられた。写真では見えにくいが嘴には小さな黒斑があり、足は黄色味を含む肉色。2006年12月9日 Shanghai China MU

成鳥冬羽 ad. w 嘴に黒斑がないでは少数派だが、それ以外は典型的な個体。頭は12月でもほぼ白く後頭に僅かに細い縦斑があるのみ。初列風切はP10〜P3まで8枚に色部があり、換羽はP10が伸びれば完了という状態。2006年1月9日 Shanghai China MU

第4回?冬羽→夏羽 4w?→s 背の灰色はセグロカモメよりやや淡く、足はやや黄色味を含む肉色。一見鳥に近いが、尾羽や小翼羽付近に暗色斑がある。2013年3月4日 千葉県 MU

亜種モンゴルセグロカモメ

3回または第4回冬羽 3w or 4w 後頸の細い斑を除いて頭から胸はほぼ純白で、同時期のセグロカモメ中ではよく目立つ。初列風切の黒色部はP3まで8枚。P9とP10がやや短いが換羽は完了に近い。2018年12月17日 千葉県 MU

3回または第4回冬羽 3w or 4w ほぼ成鳥に近い羽色だが、嘴の色が鈍く、嘴角付近に黒いバンドがある。頭から胸は、後頸に僅かに鋭い小斑がある以外は純白。初列風切の黒色部はP10〜P4まで7枚。2010年月3日 千葉県 MU

3回冬羽 3w 背の灰色はセグロカモメよりやや淡くて差が目立っていた。頭から胸は、後頸の僅かな鋭い縦斑を除いてほぼ純白。嘴は長く直線的で、ややカスピセグロカモメを思わせる。初列風切の黒色部は同齢のセグロカモメより広い傾向で、この個体ではP10〜P6の5枚で基部まで太い黒色部が伸びている。の結果黒色部は遠目からは四角形に近く見える。黒斑は右翼でP4、左翼ではP3まであった。2014年3月15日 東京都 MU

51

亜種モンゴルセグロカモメ

第2回冬羽 2w 頭から腹までの大部分が白い。胸側や脇には暗色斑があるが、白い地色とのコントラストの強い鋭い小斑で、セグロカモメによく見られるぼやけた大きなシミ状の斑ではない。2005年11月18日 千葉県 MU

第2回冬羽 2w 体下面、翼下面の大部分が白く暗色斑は少量で細く鋭い。尾羽の黒帯は狭く、白基部とのコントラストが明瞭。2006年12月7日 Shanghai China MU

第2回冬羽 2w 頭から腹までほぼ全て白く、後頸には斑があるが質は細く鋭い。足や翼が長め。2013年3月4日 千葉県 MU

第1回冬羽 1w 冬から春先にかけて頭から体下面が著しく白くなるが、早いものでは秋にすでにほぼこの羽色を獲得している。首筋などに残る斑も細くて鋭く、汚れのような太い斑はほぼない。静止時・飛翔時もに翼が長く見え、全体のシルエットが鋭角的な印象が強い。尾羽の暗色帯は幅が狭くて黒味が強く、大分が白い基部とのコントラストが明瞭。セグロカモメ、オオセグロカモメの混群中を飛んでいてもかなり目立つ。2019年4月1日 千葉県 MU

亜種モンゴルセグロカモメ

第1回冬羽 1w　足と翼が長い典型的な体型。セグロカモメより換羽と摩耗が早く、著しく白い全身と、黒い嘴及び初列風切とのコントラストが強く、セグロカモメの群中で非常に目立つ。尾羽の黒帯は狭く、最外羽（T6）は先端を除いて白く無斑に近い。2006年2月3日　千葉県　MU

第1回冬羽 1w　大半のセグロカモメが幼羽に近くて全身褐色に見える12月上旬の撮影。肩羽の大半を換羽し、雨覆の摩耗が進んだこのような個体は全身の白さが突出して目立つ。換羽済みの肩羽は白っぽい灰色の地に細い錨模様。腹に褐色斑があるが、同時期のセグロカモメよりずっと疎ら。2016年12月5日　千葉県　MU

第1回冬羽 1w　尾羽は最外側羽（T6）を除いて基部に細かい斑が密にあり、やや典型的でないパターンの個体。しかし頭から体下面までほぼ真っ白で、外側初列風切や尾羽の黒みが強くてコントラストが強い。さらにスリムで翼が長めの体型など、本亜種の特徴をよく兼ね備えている。2019年3月25日　千葉県　MU

亜種モンゴルセグロカモメ

幼羽 juv. 換羽が遅い幼羽個体。尾羽のパターンは典型的で、暗色帯は幅が狭くて黒味が強く、白くて無斑に近い基部とのコントラストが鮮明。内側列風切のウィンドウはこの個体のように比較的狭く不明瞭なものもよく見られる。腹部と翼下面は白っぽい地に暗色の斑紋があり、セグロカモメより淡色。2016年12月5日 千葉県 MU

幼羽→第1回冬羽 juv.→1w 繁殖地で観察され幼羽と完全に一致する特徴を持っているため本種と考えられる個体だが、4月までの継続観察でも換羽や摩耗は大きく進まなかった。このように換羽の遅い個体では、セグロカモメや"タイミルセグロカモメ"との区別が難しい例もしばしば見られる。左：2016年12月5日（下と左下）2017年4月日 千葉県 MU

カスピセグロカモメ

Larus cachinnans
Caspian Gull

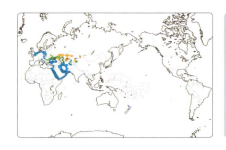

■**大きさ** 全長56〜68cm、翼開長137〜145cm。 ■**分類** カザフセグロカモメ *barabensis* やモンゴルセグロカモメ *mongolicus* も本種に含める説もあるが、本書ではIOC World Bird List v9.2に従い別種として扱った。また西部の個体群を *ponticus* という亜種とする説もあるが、本書ではこれを分けずに単型種として扱った。 ■**分布・生息環境・習性** カザフスタン東部からカスピ海及び黒海にかけて繁殖し、近年はさらにポーランドやドイツの一部まで分布を広げている。インド西海岸からアラビア半島沿岸、地中海やカスピ海の一部で越冬する他、西部の個体群からは多くが繁殖後の8〜10月にかけてヨーロッパ各地に広がり、またそのまま冬に滞在もする。日本では極めて稀で、2003年に千葉県、2009年に千葉県と北海道で観察・撮影されている。 ■**鳴き声** ウミネコに似てやや濁ったアウーという声を出し、アーアーハハハハ…またはアーアーギャギャギャギャ…と聞こえる声で小刻みに鳴き、人の笑い声のようにも聞こえる。この際に、嘴を真上に振り上げて翼を開く特徴的な姿勢をとり、アホウドリ類の求愛行動に例えて「アルバトロス・ポスチャー」と呼ばれる。ただし時に嘴を振り上げるだけで翼はほぼ開かない例もあり、逆にセグロカモメ等でも、翼を広げて他個体を威嚇しながら鳴くとやや似た姿勢になることもあるので注意が必要。幼鳥はさらに濁って鼻にかかったガーと聞こえる声を出す。 ■**特徴** 嘴は長くて下嘴角の発達が弱く直線的。特に雄と思われる大型の個体では、この長い嘴との対比で眼が小さく見えることが多く、独特の顔つきに見える。さらに首と足も長く、ハシボソカモメを連想するような、大型カモメとしてはかなり独特な印象に見える。以上は緊張時や活動時により顕著だが、羽毛を膨らませて休んでいると一見それほど極端に見えないこともあるので、状況をよく考慮した観察が有効。 ■**成鳥** 背の灰色の濃さはKGS：(4)4.5-6.5で、セグロカモメと同程度かやや淡い。嘴は黄色で赤斑と黒斑がある。虹彩は暗色から淡色まで個体差があるが、比較的暗色に見える個体が多い。眼瞼は橙から赤。足はセグロカモメよりかなり淡い曖昧な色で、灰色がかった肉色に見える個体が多く、指がピンクを帯びるものや、跗蹠が比較的黄色味が強いものなど、ある程度の個体差がある。モンゴルセグロカモメも同様の傾向があるが、本種ではセグロカモメとの差がより顕著。初列風切はセグロカモメより白色部が多い。P10はサブターミナルバンドがないか不完全なため、ミラーと先端の白斑がつながったパターンになり、加えて基部から延びる白っぽいタングも長いために黒色部が狭い帯状となり、このパターンが静止時にも識別の手がかりの1つになる。またP10〜P7の上面も長いタングのために櫛状のパターンを示す。ただしセグロカモメやモンゴルセグロカモメなどでも白色部が多くてある程度似たパターン

カスピセグロカモメ

を示す個体が時に見られるので、他の特徴と併せた総合的な判断が必要。また本種の東部個体群は黒色部が多い傾向で、モンゴルセグロカモメなどとの区別が難しい上に情報量自体が少ないため、今後も知見の蓄積を要する。

夏羽 頭は純白。嘴の色は鮮やかになるが、2月頃の直接比較ではカザフセグロカモメほど鮮やかな黄色ではない傾向。夏羽の期間は1〜8月頃と、セグロカモメよりかなり早い。このため日本で1月頃にセグロカモメの群に混じると純白の頭が非常に目立つ。夏期（6〜8月頃）には嘴の黒斑が縮小・消滅している個体が多い。

冬羽 細い褐色斑が後頸や眼の周囲、頭頂部にかなり限定的に出る。嘴と足の色は鈍い。期間は8〜2月頃とセグロカモメよりかなり早い。

■**第3回冬羽** 成鳥に似るが、嘴は赤斑が未発達で黒帯があり、雨覆などに褐色斑がある。雨覆の広範囲に横斑が入り、第2回冬羽に酷似する個体もいるが、内側初列風切は成鳥に似た灰色と白のパターン。

■**第2回冬羽** 上背・肩羽に青灰色が出るが、その範囲は個体差が大きく、中には雨覆の広範囲にも及び、一見第3回冬羽に似るものもいる。内側初列風切は成鳥に似た灰色と白帯のパターンにならない。頭から腹の大部分は白く、褐色斑は主に後頸・側頸・胸側に偏り、脇は白くて疎らな斑がある程度。大雨覆は普通暗色帯を形成する。

■**第1回冬羽** 幼羽からの換羽時期はセグロカモメよりずっと早い。8〜9月にすでに肩羽の換羽を始めていることが多く、10月には肩羽全体、または加えて雨覆の一部を換羽していることが多い。頭から腹の大部分が白く、後頸から脇は疎らな斑がある。上背から肩羽の新羽は地色が明るい灰色で、これに対して雨覆の幼羽部分は暗色傾向で、大雨覆も暗色帯を形成するため、遠目には暗色の雨覆が淡色の肩羽と体下面に挟まれているような配色に見える（モンゴルセグロカモメでは雨覆も淡色傾向のため、全体に白っぽい印象に見える）。肩羽の新羽は斑紋が細く目立たず、一様な淡い灰色に近く見える個体がよくいるが、錨型やダイヤ型の太い模様が目立つ個体もいる。

■**幼羽** 日本では極めて稀な種であることと、換羽が早い傾向から、完全な幼羽個体が観察される可能性は低いと推測される。羽色・模様は"タイミルセグロカモメ"やヒューグリンカモメに似る。上背から肩羽は羽縁が狭くて鱗模様に見え、大雨覆は暗色帯を形成する。腹は中央部が白っぽくて疎らに斑がある。内側初列風切は淡色のウィンドウがないか、あっても不明瞭。尾羽の暗色帯は狭く、白っぽい尾羽基部や上尾筒とのコントラストが目立つが、モンゴルセグロカモメによく見られるほど極端に狭くないことが多い。

成鳥夏羽 ad. s（左）
セグロカモメ（亜種セグロカモメ）は大多数が3月まで冬羽を保持するのに対し、本種では1月頃から夏羽に移行して頭が純白になるのが普通。淡色の長い足と白色部の多い初列風切にも注意。2009年1月19日 千葉県　MU

カスピセグロカモメ

成鳥夏羽 ad. s 本種の典型的な特徴を完全に備えた個体。1月ですでに頭部が純白になっている。嘴は下嘴角が目立たず、長く直線的。嘴と頭部の大きさに対して眼は小さく見える。以下4点は同一個体。2009年1月19日 千葉県 MU

冬期のセグロカモメの群中では真っ白な頭部と細長い体型がよく目立つ。足（跗蹠）も長く、セグロカモメ（右2羽）より明らかに淡い肉色で、僅かに黄色味がかる。2009年1月19日 千葉県 MU

初列風切の白色部はセグロカモメより多い。P10はミラーと先端の白斑が完全に融合し、サブターミナルバンドはない。さらに基部側から伸びるタングも長いために黒色部は狭い帯状になっている。2009年1月19日 千葉県 MU

初列風切上面の黒色部は櫛状のパターンを呈している。2009年1月19日 千葉県 MU

カスピセグロカモメ

成鳥夏羽 ad. s 足の色には個体差があるが、中東で同時に見られるカザフセグロカモメほど鮮やかな黄色ではなく、白みがかった肉色の個体が多い。2018年2月8日 Sharjah UAE MU

成鳥夏羽 ad. s 上と同一個体。翼を上げて嘴を真上に向ける、本種に特徴的な長鳴きの姿勢。アホウドリ類の求愛行動に見られる姿勢に類似することから、「アルバトロス・ポスチャー」と呼ばれる。2018年2月8日 Sharjah UAE MU

成鳥夏羽 ad. s 奥は上と同一個体。手前は足の黄色味が強い個体だが、周囲のカザフセグロカモメよりは明らかに鈍く見えた。黒斑のある長くストレートな嘴に注意。2018年2月8日 Sharjah UAE MU

カスピセグロカモメ

成鳥夏羽 ad. s 健康状態が原因かと推測される、左右非対称な風切の換羽の進行不良がある個体だったか。純白の頭と黒斑のある直線的な長い嘴、淡く鈍い足の色、初列風切のパターンなど典型的な特徴をよく備えている。2003年3月11日（左），3月24日（右） 千葉県 OU

成鳥夏羽 ad. s 特徴的な長い嘴と足に注意。頭はすでに純白。2005年1月15日 Al Batinah South Oman MU

成鳥冬羽→夏羽 ad. w→s 大きめで嘴の長さが〔特〕に顕著な個体。後頭に細い斑が残っていた。200〔5〕年1月13日 Al Batinah South Oman MU

第3回冬羽 3w 成鳥に似るが嘴の赤斑が未発達で先端付近が黒く、尾羽に黒斑がある。これより遥かに第2回冬羽に似る個体もいる。2005年1月12日 Al Batinah South Oman OU

第3回または第2回冬羽 3w or 2w 胸に褐色斑が多い個体で、これほど斑は出ない方が一般的。嘴は直線的で長く、背の灰色は比較的淡い。2005年〔1〕月13日 Al Batinah South Oman OU

カスピセグロカモメ

2回冬羽 2w 背の青灰色が雨覆にも広がり、一見第3回冬羽に似る個体。大雨覆は暗色帯を形成している。2018年2月8日 Sharjah UAE MU

第2回冬羽 2w 大雨覆が淡色の個体。モンゴルセグロカモメではこれより粗い横斑が目立つ傾向。2005年1月13日 Al Batinah South Oman OU

第2回冬羽 2w 上の左と同一個体。内側初列風切は成鳥のようなパターンになっていない。2018年2月8日 Sharjah UAE MU

2回冬羽 2w 嘴はそれほど長く見えない個体だが、形状は直線的。ヒューグリンカモメとカザフセグロカモメの群中では背の灰色が淡く見えた。モンゴルセグロカモメにもやや似るが、大雨覆が暗色帯を形成し、全体が暗く見える。2018年2月8日 Sharjah UAE MU

カスピセグロカモメ

第1回冬羽 1w 頭と嘴が前後に引き伸ばされたように長く、それに対して眼が小さく見える典型的な顔つき。頭から腹の大部分が白い。雨覆や三列風切まで換羽が進み、未換羽の幼羽部分は激しく摩耗している。2018年2月8日 Sharjah UAE MU

第1回冬羽 1w 換羽と摩耗が進行した個体で、上背・肩羽だけでなく雨覆にも換羽が及んでいる。三列風切や大雨覆は摩耗した幼羽。2018年2月8日 Sharjah UAE MU

第1回冬羽 1w 胸側から腹に斑が多くやや分かりにくい個体だが、全体に細長い体型などから本種と見るのが妥当と考えられた。2018年2月7日 Sharjah UAE MU

1回冬羽 1w 全体に白っぽい羽色はモンゴルセグロカモメに似るが、雨覆は暗色傾向が強く、大雨覆は色帯を形成している。また幼羽から換羽した肩羽は、この個体のように淡い灰色で模様が細く不鮮明な個体がよく見られる。2018年2月7日 Sharjah UAE MU

第1回冬羽 1w 上の個体によく似ている。嘴・足・翼が長く、頭から腹の大部分が白い。上背と肩羽は淡い灰色で模様は不鮮明。以下3点同一個体。2009年4月4日 北海道 先崎啓究

背・肩羽の淡い灰色に対し、大雨覆は暗色帯を形成し、内側初列風切は淡色のウィンドウがほぼないため暗色に見える。モンゴルセグロカモメでは雨覆が淡色に見え、これほど肩羽との明暗差がない。ヒューリンカモメでは逆に肩羽がこれより暗色に見える傾向が強い。2009年4月4日 北海道 先崎啓究

カスピセグロカモメ

亜種ヒューグリンカモメ

ニシセグロカモメ

Larus fuscus
Lesser Black-backed Gull

亜種ヒューグリンカモメ

Larus fuscus heuglini
Heuglin's Gull

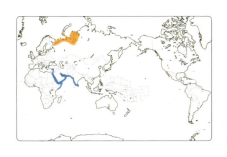

■**大きさ** 全長55〜70cm、翼開長138〜158cm。■**分類** 本書ではIOC World Bird List v9.2に従ってニシセグロカモメ*L.fuscus*の一亜種として扱った。独立種*L.heuglini*とされる場合もある。また、"タイミルセグロカモメ"を一亜種として含める場合もあるが、本書ではこれを交雑個体群とする見解に従い、以下の解説も"タイミルセグロカモメ"は対象外とする。また和名は「ホイグリンカモメ」が従来よく使われてきたが、英名や学名の一般的な発音との齟齬解消のため、本書では「ヒューグリンカモメ」とした。■**分布・生息環境・習性** ロシア北部のコラ半島からギダン半島で繁殖。日本各地に渡来するが、"タイミルセグロカモメ"より遥かに少なく、関東地方ではセグロカモメ数百〜数千羽に対して見つかる割合は1日に0〜数羽程度。一方で"タイミルセグロカモメ"の暗色の個体との線引きが難しいことから、渡来状況の正確な把握が難しい面もある。■**鳴き声** ウミネコに似てそれより籠って濁った、アウー、ガウーと聞こえる声を出す。セグロカモメより濁った声でクァークアクアクアクア…と長鳴きする。
■**特徴** セグロカモメより翼が長くて華奢な個体が多く、その傾向は"タイミルセグロカモメ"よりさらに顕著。ただし個体差と性差もかなりあり、雄と思われる大型の個体ではどっしりとした体つきでかなり印象が異なる場合がある。
■**成鳥** 背の灰色はKGS：8-13でウミネコやオオセグロカモメと同程度に見え、セグロカモメよりは格段に濃くて差が目立つ。初列風切のパターンも"タイミルセグロカモメ"以上に暗色傾向が強く、黒色部が7〜8枚に及ぶ個体が多い。ムーンは全くないか、あっても"タイミルセグロカモメ"より細く目立たない傾向。ミラーはP10の1個のみで小さい個体の割合が高く、P9にもある個体は3割程度で、内弁に限られるのが普通。初列風切の換羽はセグロカモメより1ヶ月ほど遅く、1〜3月頃に完了。1月半ばですでに完了しているものから2月で旧羽を残しているものまで、個体差が大きい。嘴は黄色で下嘴に大きな赤斑があり、虹彩は淡色〜暗色まで個体差が大きく、眼瞼は赤〜橙。

夏羽 頭は純白で嘴は鮮やかな黄色。足も鮮やかな橙黄色。

冬羽 足は橙黄色でセグロカモメと明らかに異なるが、冬はやや鈍くなり、肉色味や灰色味を帯びる傾向がある。頭部の斑はセグロカモメより細くて鋭く、量は少なめで後頸に偏る傾向が強い。時に斑が多くて胸まで広がるものがいるが、セグロカモメによく見られるような輪郭のぼやけた大きな丸斑ではない。嘴に黒斑のある個体の割合はセグロカモメより高い。

■**第3回冬羽** 嘴の色が鈍くて先端近くに黒帯があり、初列風切の白斑が小さい、尾羽に黒斑があるなどの若い特徴があるが、セグロカモメなどに比べてかなり成鳥に接近した羽色になる傾向がある。

亜種ヒューグリンカモメ

■**第2回冬羽** 上背、肩羽から雨覆まで広範囲に成鳥のような濃い灰色が出て、特に静止時は第3回冬羽に近い羽色に見える個体が多いが、内側初列風切先端は成鳥のような灰色と白帯のパターンにならない。

■**第1回夏羽** 頭から腹は白っぽくて疎らに斑があり、体上面や雨覆は灰褐色で軸斑や横斑がある。日本で観察される可能性は高くないが、初列風切の換羽の進み方に個体差があり、シギ・チドリ類の第1回夏羽で見られるように、越冬地で外側の数枚を先に換羽するものや、中程の羽を先に換羽し、その後最内側（P1）から換羽が始まるものなどが知られている。

■**第1回冬羽** 上背から肩羽が幼羽から換羽し、雨覆や風切の幼羽の摩耗が進む。換羽は雨覆に及ぶものもいて、特に中東の越冬地では静止時に見える雨覆の大半を換羽し、一見早期の第2回冬羽のように見える個体が多く見られる（この換羽の早さには現地の温暖な気候が関与していることが考えられる）。この換羽で得られる新羽は、セグロカモメ、"タイミルセグロカモメ"、亜種カザフセグロカモメに比べて地色が濃い傾向がある。

■**幼羽** セグロカモメに比べて、上面は暗色傾向、下面は淡色傾向で、この対比が目立つ。また白っぽい地色と暗色の斑紋のコントラストも強く、体下面は白地に粗い斑が並ぶ。肩羽や三列風切の羽縁は狭くて鱗模様を呈する傾向があるが、淡色部が多くてモンゴルセグロカモメに似る個体もいる。大雨覆は暗色帯を形成する。淡色部が多めで静止時には判りにくい個体もいるが、翼を開くと外側大雨覆が暗色帯になる。この暗色帯は"タイミルセグロカモメ"よりさらに黒味が強い傾向がある。初列風切は淡色のウィンドウを欠き、内側までほぼ一様に黒褐色。内側の数枚の内弁が淡色で、さらにムーンのようなパターンがある個体も見られ、翼の開き方や光線状態でも見え方が変化するため、"タイミルセグロカモメ"との線引きが難しい場合がある。

鳥冬羽 ad. w セグロカモメよりスリムな体型で翼が長い。背の灰色はウミネコくらい濃くて足が橙黄色。真は極めて換羽の遅い個体で、2月で初列風切に旧羽が残っている。2018年2月8日 Sharjah UAE MU

亜種ヒューグリンカモメ

鳥冬羽 ad. w 背の灰色はウミネコと同程度に濃い。頭の斑は顔と頭頂および後頸に限定される傾向が強く、細く鋭い縦斑。初列風切は長く突出し、各羽先端の白斑は小さめ。足は黄色〜橙黄色だが、ウミネコやセグロカモメよりは橙色味や肉色味を含む傾向があり、特に足指で顕著。2018年2月8日　Sharjah UAE　MU

鳥冬羽 ad. w（右）個体A　背の灰色はセグロカモメ（左）と並ぶと格段に濃い。体格は性差・個体差がかなりあるが、セグロカモメより華奢で細身に見える個体が多い。換羽時期はセグロカモメより遅く、この個体も12月下旬で依然として旧羽が残っている。2011年12月27日　千葉県　MU

成鳥冬羽 ad. w 個体A
初列風切はP10とP9の2枚が旧羽。黒色部はP10〜P4の7枚にあり、ミラーはP10の1個のみ。ムーンはP5に僅かに線状のものがあるだけ。黒色部が少ないものやムーンが目立つものほど"タイミルセグロカモメ"の可能性を考える必要がある。2011年12月27日　千葉県　MU

亜種ヒューグリンカモメ

成鳥冬羽 ad. w 頭の斑の出方が例[...]的な個体。密な斑が頭から胸まで広[...]り、縦斑だけでなく細かい横斑を伴[...]ている。しかしセグロカモメでよく[...]られる、輪郭のぼやけた大きな丸斑[...]ない。初列風切は1月でP7が最長[...]状態で、換羽がかなり遅いことがわ[...]る。2005年1月12日 Al Batina South Oman MU

成鳥冬羽 ad. w 個体B 初列風切のP10からP2まで、9枚に黒斑を持つ個体。ミラーはP10のみで小さい[...]2017年12月4日 千葉県 MU

成鳥冬羽 ad. w 個体B 上と同一個体だが、初列風切のパターンは年により僅かに変化し、P2の小さな[...]斑が消えている。初列雨覆にも黒斑がある。旧羽が全て抜け落ち、翼が短く見える状態。2017年12月[...]日 千葉県 MU

亜種ヒューグリンカモメ

成鳥冬羽 ad. w 個体C 3月下旬の撮影だが、依然として初列風切の換羽が完了しておらず、P9とP10が伸長中。これが完了すると翼の突出はもっと長くなる。2017年3月28日 千葉県 MU

成鳥冬羽 ad. w 個体C（中央後方） 背の灰色はセグロカモメより明らかに濃く、ウミネコと同等で、遠目からはオオセグロカモメと混同するほど濃い。 2017年3月28日 千葉県 MU

成鳥冬羽 ad. w 個体C 個体AよりP7～P5のムーンが目立つが、黒色部はかなり多めでP10～P3まで8枚にあり、P6の黒色部も基部に向かってより長く伸びている。ミラーはP10の1個のみで小さい。2017年3月28日 千葉県 MU

成鳥冬羽 ad. w 足が鮮やかな黄色の個体。背の色がセグロカモメより明らかに濃く、華奢な体型も目に付く。2008年3月26日 千葉県 MU

亜種ヒューグリンカモメ

成鳥冬羽 ad. w 初列風切の黒色部はセグロカモメより基部の方へ長く伸びる傾向が強く、換羽が完了すると黒色部全体が四角形に見える個体が多い。2018年2月8日 Sharjah UAE MU

成鳥冬羽 ad. w 初列風切の換羽が未完了の個体黒色部はP10〜P4までの7枚あり、P4のものは太くて内弁・外弁にまたがっている。2018年2月8日 Sharjah UAE MU

成鳥冬羽 ad. w P5〜P7まで、細いながら明瞭なムーンが入っている個体。ミラーはP10の1個のみで、黒色部はP10〜P4まで7枚。2018年2月7日 Sharjah UAE MU

成鳥冬羽 ad. w ミラーがP10とP9の2個ある個体。このような個体は少数派で、P9のミラーは内弁に限られることが多い。2018年2月8日 Sharjah UAE MU

第3回または第4回冬羽 3 w or 4w
嘴の黒斑が大きく、足は鈍い肉色。背の灰色は現場での直接比較でウミネコと同等。足と嘴が華奢に見える。2月だが初列風切は依然として伸長中のため短い。2006年2月11日 千葉県 MU

亜種ヒューグリンカモメ

第3回または第4回冬羽 3w or 4w 頭から胸の斑が多い個体。2005年1月13日 Al Batinah South Oman MU

第2回冬羽 2w 第2回冬羽は灰色の羽が雨覆にも広がり、同年齢のセグロカモメより成鳥に近い羽色になる傾向が強い。2005年1月16日 Al Batinah South Oman MU

第2回冬羽 3w 静止時は灰色部が広いために第3回冬羽に似るが、内側初列風切先端に成鳥のような白帯がない。2012年1月17日 千葉県 MU

第2回冬羽 2w 内側初列風切は淡色のウィンドウを欠き、翼全体が暗色に見える。2018年2月8日 Sharjah UAE MU

第1回冬羽 1w 同時期に撮影の3個体だが、幼羽に近い個体（上）から雨覆まで換羽が及ぶもの（左）まで、換羽の進み方は様々。換羽済みの新羽の地色は濃い灰色の傾向が強い。未換羽の大雨覆は暗色帯になり、体下面は白地に疎らな暗色斑がある。上の個体は雨覆の白色部が多め。
2005年1月13日（左上）OU、15日（上）MU、16日（左）MU / Al Batinah South Oman

75

亜種ヒューグリンカモメ

第1回冬羽 1w 内側初列風切は淡色のウィンドウを欠き、大雨覆も顕著な暗色帯を形成。三列風切の羽縁も狭く、セグロカモメの群中で際立って暗色に見える。2019年1月22日 千葉県 MU

第1回冬羽 1w 左右同一個体。換羽済みの肩羽は暗色の錨模様が太く、大雨覆は暗色帯を形成するため体や翼の上面は暗色傾向。これに対して体下面は白地に粗い斑紋が目立ち、セグロカモメ（後方）とは全体的な色のバランスが違って見える。内側初列風切の淡色のウィンドウはなく、セグロカモメの群中では黒々とした翼が目立つ。2008年3月6日（左），2月25日（右） 千葉県 MU

第1回冬羽 1w セグロカモメより翼が細長く、体も細く華奢に見える。大雨覆の暗色帯は"タイミルセグロカモメ"より濃い傾向があり、次列風切との濃淡差が少ないことが多い。体と翼の下面は白地に粗い斑が目立つ。2012年1月17日 千葉県 MU

亜種ヒューグリンカモメ

第1回冬羽 1w　左右別個体。翼が長く尖るシルエットと、暗色の大雨覆および内側初列風切に注意。
2018年2月7日（左）, 2月6日（右）Sharjah UAE　MU

幼羽 juv.　腹部に斑が少なくて白っぽい個体。肩羽、雨覆、三列風切は羽縁が狭い鱗模様に見える。
2006年12月24日　千葉県　MU

幼羽 juv.　上と同一個体。この個体は腹部だけでなく、翼下面もかなり白っぽい。内側初列風切は開き方や光線状態で内弁がやや淡色に見えることがある程度で、明瞭な淡色斑等はない。翼は細長く尖って見える。
2006年12月24日　千葉県　MU

"タイミルセグロカモメ"

'Taimyrensis'
（*Larus fuscus heuglini* × *L. vegae vegae*）

'Taimyr Gull'

※本書では、タイミルセグロカモメは正式な亜種ではないため"タイミルセグロカモメ"と表記します。

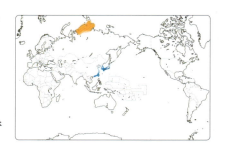

■**大きさ** セグロカモメと同大～やや小さめ。■**分類** IOC World Bird List v 9.2 にも亜種としての記載はなく、本書でもセグロカモメ（亜種セグロカモメ）とニシセグロカモメ（亜種ヒューグリンカモメ）の交雑個体群とする見解に従った。他に亜種ヒューグリンカモメを独立種 *L.heuglini* としてその一亜種とする説や、独立種 *L.taimyrensis* とする説などがある。■**分布・生息環境・習性** ロシアのタイミル半島で繁殖し、主に日本を含む東アジアの沿岸部で越冬。日本では全国的にセグロカモメの群中で観察され、関東以西では群の20～30%を占めることも珍しくない。砂浜、干潟、河口など、平坦な環境で見られる割合が比較的高い。■**鳴き声** クアークアクアクア…などと、セグロカモメに似た声で鳴く。■**特徴** セグロカモメ（亜種セグロカモメ）とニシセグロカモメ（亜種ヒューグリンカモメ）の中間的な特徴を持ち、セグロカモメ寄りからヒューグリンカモメ寄りまで様々な個体が見られる。体型はセグロカモメより華奢で翼が長めの傾向だが、ヒューグリンカモメほど極端ではないことが多く、セグロカモメと変わらない個体も見られる。

■**成鳥** セグロカモメに酷似し、背の灰色はKGS：6-8でセグロカモメと同等からやや濃く、ウミネコやオオセグロカモメより淡く見えるのが普通。足は橙黄色の個体が多く、発見の重要な手がかりになるが、黄色味の弱い個体では曖昧な肉色にも見え、セグロカモメとの差が一見目立ちにくいこともある。黒色部のある初列風切は6～8枚で、セグロカモメより多めの傾向だが、ヒューグリンカモメよりは少ない傾向。ムーンもセグロカモメのように太い個体からヒューグリンカモメのようにほとんどない個体まで様々。初列風切の換羽はセグロカモメより平均して1ヶ月ほど遅くて、1～2月頃に完了するものが多く、3月までかかるものもいる。また10月下旬頃にはセグロカモメより多めの3～4枚の旧羽を保持している個体が多い。虹彩は暗色から淡色まで個体差が大きく、眼瞼は赤～橙。嘴は黄色で下嘴の赤斑は比較的大きい個体が多く、時に上嘴に及ぶ個体も見られる。日本に渡来する10月頃には嘴に黒斑がないことが多いが、真冬から春にかけて黒斑が発達する傾向がある。

夏羽 頭は純白で嘴は鮮やかな黄色。足の黄色味もより強くなる個体が多い。換羽が遅い傾向から、渡去前の4月上旬でも完全な夏羽ではない個体が多く、逆に日本に渡来する10月頃にはまだ夏羽に近い個体の割合が高い。

冬羽 頭から胸の褐色斑は、セグロカモメより質は細くて鋭く、範囲も狭い傾向だが、個体差も大きく、後頸に少量の斑が出る程度の個体から、セグロカモメに似て太い斑が胸まで広がるものなど様々。足は黄色味が弱くなる傾向があり、地味な肉色に見える個体もいる。

■**第3回夏羽** 4月頃に頭が白くなると、

"タイミルセグロカモメ"

嘴の黒斑との組み合わせからカザフセグロカモメとの区別が難しくなる場合があるので注意が必要。

■**第3回冬羽** 成鳥冬羽に似るが、嘴の先端付近が黒く、雨覆などに褐色部があるなど、若い特徴が見られる。

■**第2回冬羽** セグロカモメ第2回冬羽に似るが、大雨覆が暗色帯を形成し、対照的に胸から腹は褐色斑が少なく白っぽい個体が多い。体上面の青灰色の範囲は、ごく限定的なものから、雨覆まで広がるものまで、個体差が大きい。

■**第1回夏羽** 換羽済みの暗灰褐色の羽と、摩耗褪色した白っぽい幼羽の対比が目立つ。大型カモメ類の中では換羽が遅い傾向のため、秋までこの状態を保持している場合もある。

■**第1回冬羽** 上背から肩羽が幼羽から換羽し、この換羽が雨覆に及ぶものもいる一方、3月まで幼羽に近い状態を保持する個体もいる。この換羽で得られる新羽はセグロカモメに似るが地色はやや濃い個体が多く、模様はほとんど目立たないものから、非常に太い錨模様が出るものまでいる。

■**幼羽** 成鳥同様にセグロカモメに似たものから、ヒューグリンカモメに似たものまで様々。肩羽や雨覆の各羽は、セグロカモメより淡色の羽縁が狭く鱗状に見える個体が多く、大雨覆は暗色帯を形成する（静止時に明確でない個体も、翼を開くと外側大雨覆が暗色帯に見えることが多い）。一方で胸から腹はセグロカモメより暗色斑が疎らで淡色に見える傾向。この結果、暗色の体上面と淡色の体下面の組み合わせが、遠目からもセグロカモメと比べてやや異質に見えることが多い（ヒューグリンカモメではこれがより顕著）。内側初列風切はセグロカモメより不明瞭で狭いウィンドウを形成するが、これもセグロカモメに近いものからヒューグリンカモメに近いものまで連続的。

鳥夏羽→冬羽 ad. s→w 個体A（中央） 左奥の2羽はセグロカモメ、右奥はオオセグロカモメ。この個の背中の灰色の濃さはセグロカモメとオオセグロカモメの中間。この3者の中で換羽は最も遅く、秋にはのように頭部が依然として夏羽の名残を留めていて白っぽく、初列風切に旧羽を多く残していることが多。この写真ではP10～P7の4枚が旧羽。これに対し右のオオセグロカモメでは旧羽はすでになく、左のグロカモメでは2枚の旧羽が残っている。2016年11月7日 神奈川県 MU

"タイミルセグロカモメ"

大雨覆は暗色帯を形成

第2回冬羽 2w
体上面の青灰色の範囲が広い個体

第2回冬羽 2w

大雨覆は暗色帯を形成

第2回冬羽 2w
雨覆の淡色部が多く
モンゴルセグロカモメに似る例
尾羽も含め総合的な判断が必要

摩耗した幼羽

第1回夏羽 1s

第1回冬羽→夏羽
1w→1s

春に摩耗が進むと
雨覆のパターンが
不鮮明になる

"タイミルセグロカモメ"

成鳥冬羽→夏羽 ad. w → s
背の灰色はセグロカモメと同程度〜やや濃い個体が多い。足は橙黄色。2018年4月10日 神奈川県 MU

成鳥冬羽 ad. w
セグロカモメよりやや細身で華奢に見え、頭部の斑はこのように細めで後頸に偏る個体が多い。この個体の換羽はかなり遅く、1月下旬の撮影だが初列風切はP10とP9の2枚が依然として旧羽。2017年1月23日 神奈川県 MU

成鳥冬羽 ad. w
頭の斑の出方がセグロカモメに近い個体。初列風切の換羽時期も個体差があり、早いものではこの個体のように1月に完了する。P10のミラーはこの個体のように小さめで、その先の黒いサブターミナルバンドが幅広いものがセグロカモメより高い頻度で見られる。2017年1月23日 神奈川県 MU

"タイミルセグロカモメ"

成鳥 ad. 2016年11月7日（左）、2016年4月5日（右）個体A 左右は経年観察されている同一個体（の下の白い羽の凹みが一致している）。この個体のように、秋から初冬には嘴に黒斑がないことが多い 真冬から春先にかけて黒斑が発達する傾向がある。神奈川県 MU

成鳥冬羽→夏羽 ad. w→s（2羽とも）
初列風切のパターンもセグロカモメとヒューグリンカモメの中間で個体差がある。 の個体は黒色部がP10〜P の7枚。右の個体はP10 P5の6枚。ムーンも右の 体の方が明瞭でセグロカモ 的。2016年4月5日 神奈 県 MU

成鳥冬羽 ad. w 左は初列風切にムーンがほぼなく、極めてヒューグリンカモメに近い個体だが、背の灰 はそこまで顕著には濃くなかった。右は初列風切の黒色部がP3まで8枚に及んでいるが、背の灰色がセ ロカモメにより近く、ムーンも太く明瞭。両個体とも足は明瞭な橙黄色。2011年3月25日 東京都 MU

"タイミルセグロカモメ"

成鳥？冬羽 ad.？w 足があまり黄色くない個体で一見セグロカモメに似るが、頭の斑が細かく、背の色がやや濃く、初列風切の黒色部は多め。2016年11月7日 神奈川県 MU

4回夏羽 4s 個体B 4月以降、夏羽になるとしばしばカザフセグロカモメに酷似し識別が難しくなる。2018年4月10日 神奈川県 MU

第4回冬羽 4w 個体B 足の黄色味が弱く、胸側に斑がある。換羽は早めの個体。2017年11月13日 神奈川県 MU

3回冬羽 3w 個体B 2017年1月23日 神奈川 MU

第2回冬羽 2w 個体B 2016年4月5日 神奈川県 MU

4回夏羽 4s　　　**第3回冬羽 3w**　　　**第2回冬羽 2w**

個体Bの飛翔 それぞれ撮影データは上に同じ。第2回冬羽の尾羽の帯はモンゴルセグロカモメより広い。カザフセグロカモメは上尾筒や尾羽基部がより白く、内側初列風切は暗い傾向。

"タイミルセグロカモメ"

第4回冬羽 4w 個体C 冬は個体によっては足の黄色がかなり鈍くなり、セグロカモメと混同しやすいので注意が必要。2017年11月13日 神奈川県 MU

第4回冬羽→夏羽 4w→4s 個体C 春先には足黄色が鮮やかになる。羽色ほぼ成鳥に近いが、翼羽に黒斑があった。2018年4月10日 神奈川県 MU

第3回冬羽 3w 個体C 体上面はかなり成鳥に近い羽色になっているが、大雨覆に褐色味があり、初列雨覆や小翼羽、尾羽に黒褐色部がある。2017年1月23日 神奈川県 MU

第2回冬羽 2w 個体C 上の第3回冬羽と同一個体。若い個体でも春先に足や嘴に黄色味が強く出ることある。2016年4月5日 神奈川県 MU

"タイミルセグロカモメ"

2回冬羽 2w 外側大雨覆が暗色帯を形成している。足は橙色味がある。2016年4月5日 神奈川県 MU

2回冬羽 2w 大雨覆、内側初列風切ともにかなり暗色の個体。初列風切は換羽中でP10が旧羽。2011年11月24日 神奈川県 MU

1回冬羽 1w 細身の体型で翼が長く、換羽済みの肩羽も地色が濃いめで錨模様も太く、ヒューグリンカモメに似る個体だが、大雨覆は淡色部が多めで、内側初列風切外弁に明瞭な淡色斑がある。2013年3月26日 千葉県 MU

"タイミルセグロカモメ"

第1回冬羽 1w 内側初列風切がやや淡いことと日本での観察ということも考慮し"タイミルセグロカモメ"としたが、上背・肩羽の地色が濃いことや、暗色の大雨覆、体下面が白っぽいことなど、かなりヒューグレンカモメ寄りの個体で線引きは難しい。2011年3月8日 千葉県 MU

第1回冬羽 1w 模様がセグロカモメに近い個体だが、スリムで翼が長く内側初列風切のウィンドウも不明瞭。2019年2月4日 千葉県 MU

第1回冬羽 1w 模様がセグロカモメ寄りの個体だが、三列風切の羽縁が狭く、翼は長め。飛ぶと外側大覆が暗色で、内側初列風切のウィンドウもやや不明瞭。2019年3月18日 千葉県 MU

第1回冬羽 1w　三列風切は羽縁が狭い鱗模様に見える。胸から腹はセグロカモメより斑が粗くて地色が白く見える。内側初列風切のウィンドウが不明瞭だが、この個体は内弁に比較的明瞭なムーンがある。2019年2月4日　千葉県　MU

羽 juv.　かなり小柄な個体。斑が疎らで白っぽい体下面、暗色の外側大雨覆、不明瞭な内側初列風切のウィンドウに注意。2016年12月5日　千葉県　MU

羽 juv.　内側初列風切のウィンドウが広く明瞭な個体だが、体型は華奢で翼も長め。肩羽や雨覆は羽縁が狭い鱗模様に見える。2018年12月10日　千葉県　MU

ニシセグロカモメ

Larus fuscus
Lesser Black-backed Gull

亜種カザフセグロカモメ

Larus fuscus barabensis
Steppe Gull

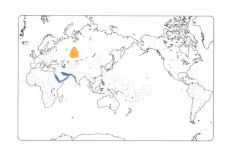

■**大きさ** 全長53〜65cm、翼開長135〜140cm。■**分類** 本書ではIOC World Bird List v 9.2に従いニシセグロカモメ*L.fuscus*の亜種として扱った。カスピセグロカモメの亜種とする説もある。■**分布・生息環境・習性** ロシアの南西シベリアから南東ウラル、及びカザフスタン北部の湖沼で繁殖。インド西海岸からアラビア半島沿岸部で越冬。日本では千葉県で2003年（第1回冬羽）と2004年（第2回冬羽）に千葉県で同一個体と推定される観察例がある。■**鳴き声** ウミネコに似てそれより籠って濁った、アウー、ガウーと聞こえる声を出す。長鳴きは翼を広げずに、アーアーハハハハ…またはアーアーギャギャギャギャ…と聞こえる声で小刻みに鳴き、人の笑い声のようにも聞こえる。■**特徴** 全体に亜種ヒューグリンカモメとカスピセグロカモメの中間的特徴を持ち、この両方との間で識別が難しい場合がある。また日本では"タイミルセグロカモメ"との混同にも注意が必要。セグロカモメより足や翼が長く見え、体型の印象がかなり異なることが多いが、個体や状況により顕著でないこともある。嘴はカスピセグロカモメほど長く直線的ではなく、頭は額が高めで丸く見えることが多い。

■**成鳥** 背の灰色はKGS：7-8.5で、セグロカモメと同程度〜やや濃く、"タイミルセグロカモメ"に近い。嘴は黄色で下嘴に赤斑がある。多くは赤斑と並んで明瞭な黒斑があるが、ないこともある。虹彩は淡色から暗色まで変化が多く、眼瞼は赤から橙。黒色部のある初列風切は通常6〜8枚。ミラーは1〜2個。初列風切のパターンでは"タイミルセグロカモメ"とほぼ区別できず、モンゴルセグロカモメと比べても、ムーンの発達がやや弱めで灰色部が濃い傾向はあるもののほぼ酷似している。初列風切の換羽はセグロカモメよりやや早めで、12月に完了する個体が多い。

夏羽 夏羽への移行は早く、1月ですでに頭が完全に白い個体が普通に見られる。2月で大多数は夏羽になるが、後頸または顔に細い斑が残る個体も一部見られる。足は多くは鮮やかな黄色〜橙黄色で、日本で見られる"タイミルセグロカモメ"より純粋な黄色に近い個体の割合が高い。冬季の日本に成鳥が出現した場合、純白の頭と鮮やかな黄色い足の組み合わせはかなり目立つことが予測されるが、4月頃には"タイミルセグロカモメ"の一部も夏羽になり、本亜種と酷似することがあるので、時期を慎重に考慮した判断が必要。嘴の黒斑は夏期には縮小・消滅する傾向がある。

冬羽 顔から後頸にかけてかなり限定的に細い斑が出る。嘴の色は鈍くて灰緑色がかり、足も灰緑色または肉色を帯びる。冬羽の期間も9〜2月頃とセグロカモメ等よりかなり早い。この点からも、10月頃に日本で見られる、頭が白く足が橙黄色の夏羽個体は"タイミルセグロカモメ"と考えられるので、時期を考慮した観察が必要。

■**第3回冬羽** 成鳥に似るが嘴の赤斑が未

発達で黒斑が大きく、次列風切や尾羽に黒色部があるなど、若い特徴が残る。頭から腹の大半が白く、後頸・側頸に細い斑があるが、"タイミルセグロカモメ"やモンゴルセグロカモメでも酷似する可能性があり識別はかなり難しい。

■**第2回冬羽** 背の青灰色の範囲は個体差が大きいが、雨覆まで広がる傾向が強く、静止時は第3回冬羽に似ることも多い。内側初列風切は成鳥のように灰色と白帯のパターンにならない（ただし一部換羽している場合もある）。頭から腹は"タイミルセグロカモメ"より斑が限定的な傾向で、大半が純白で後頸から側頸に細い斑が出る程度の個体が多いが、オーバーラップもあり慎重を要する。

■**第1回冬羽** 頭から腹の大部分が白く、後頸・側頸・胸側・脇に少量の疎らな斑があり、白い顔に暗色の眼だけが孤立して見えることが多い。換羽済みの上背から肩羽はヒューグリンカモメより地色が淡い傾向。幼羽からの換羽の進行は早く、特に中東の越冬地では上背・肩羽だけでなく、雨覆の大部分を換羽済みの個体や、残存する幼羽が極度に摩耗した個体が多く見られるが、この点は越冬地の湿暖な気候も一因になっている可能性がある。ヒューグリンカモメ、カスピセグロカモメ双方との間で識別が難しいことがある。

■**幼羽** 肩羽は羽縁が狭く鱗状に見え、腹の中央部は斑が疎らで白っぽく、ヒューグリンカモメや"タイミルセグロカモメ"に酷似する。また淡色部が多くモンゴルセグロカモメに似る個体もいる。大雨覆は暗色帯を形成し、内側初列風切の淡色のウィンドウはないか、あっても狭く不明瞭。尾羽の暗色帯は通常モンゴルセグロカモメほど極端に狭くなく、ヒューグリンカモメや"タイミルセグロカモメ"に近い。幼羽の識別は難しいが、主要な分布域で完全な幼羽が知られているのは今のところ7〜9月頃で、繁殖分布や換羽の早さからも、日本で観察される可能性はそれほど高くないと推測される。

成鳥夏羽 ad. s　2018年2月8日　Sharjah UAE　MU

93

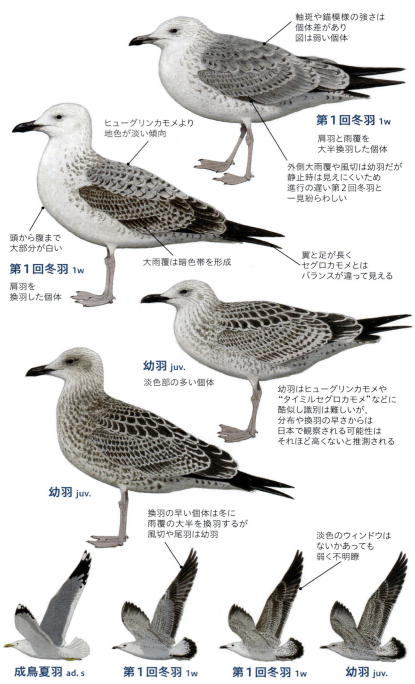

亜種カザフセグロカモメ

成鳥夏羽 ad. s 2月には大多数の個体が夏羽になり、純白の頭と黒斑のある鮮やかな嘴、及び黄色い足がよく目立つ。背後に写っている鈍い肉色の足はカスピセグロカモメのもので、色調の違いがわかる。背の灰色はセグロカモメ程度〜やや濃い。2018年2月8日 Sharjah UAE MU

成鳥夏羽 ad. s ♀の可能性が高い小柄な個体。カスピセグロカモメより嘴は短く、頭は丸く見える。セグロカモメより尾羽は短めで翼は長く突出する傾向。2018年2月7日 Sharjah UAE MU

成鳥夏羽 ad. s 大柄でがっしりした個体で、♂の可能性が高い。左の個体より頭部は平らだが、嘴はカスピセグロカモメほど長く直線的ではない。日本では4月以降に"タイミルセグロカモメ"の夏羽が酷似する可能性があるので注意が必要。2018年2月7日 Sharjah UAE MU

成鳥冬羽→夏羽 ad. w→s 額や眼の周囲などに細い褐色斑が残っている個体。日本では"タイミルセグロカモメ"の頭の斑が少ない個体との区別が難しいことが予測される。2018年2月7日 Sharjah UAE MU

亜種カザフセグロカモメ

成鳥冬羽 ad. w 秋〜初冬にかけては嘴
足の色が鈍く、顔から後頸、側頸に細い
が少量出る。写真は1月だが、この時点
夏羽個体が多く見られた。2005年1月1
日 Al Batinah South Oman MU

成鳥夏羽 ad. s 黒色部のある初列風切は主に6〜8枚。こ
の個体は6枚で、P10のみにミラーがある。2018年2月7日
Sharjah UAE MU

成鳥?夏羽 ad.?s 例外的に初列風
10枚全てに黒色部がある個体。201
年2月7日 Sharjah UAE MU

成鳥冬羽→夏羽 ad. w→s P9にもミラーがあり、
P7の白いムーンが目立つ個体。黒色部はP4まで7
枚。2018年2月7日 Sharjah UAE MU

成鳥夏羽 ad. s 同じくミラーが2個で、黒色部
7枚の個体。2018年2月8日 Sharjah UAE MU

96

亜種カザフセグロカモメ

鳥冬羽 ad. w 後頸に少し斑が残る個体。同時期"タイミルセグロカモメ"は普通もっと斑がある、日本での識別はかなり慎重を要する。2018年月7日 Sharjah UAE MU

第3回または第4回冬羽 3w or 4w 初列雨覆と次列風切に黒褐色斑がある。2018年2月7日 Sharjah UAE

第3回冬羽 3w
頭から腹まで大部分が白く、体上面もほぼ全て青灰色で成鳥に近い。内側初列風切も成鳥に似たパターンになっている。日本ではモンゴルセグロカモメや"タイミルセグロカモメ"との区別がかなり難しいことが予測される。2018年2月8日 Sharjah UAE MU

亜種カザフセグロカモメ

第2回冬羽 2w 個体A 前冬に同所で観察された第1回冬羽（後出）と同一と思われる個体。背の灰色は
ミネコより淡く、セグロカモメに近い。頭から腹までがほぼ真っ白で、後頸に細い斑が少量ある。大雨覆
暗色帯を形成している。セグロカモメの群中では翼と足の長さが目に付き、体型がかなり異なって見え
2004年2月17日 千葉県 渡辺義昭

第2回冬羽 2w 上は雨覆に淡褐色部の多い個体。頭から腹まで
白く、翼の長さが顕著。右は灰色部が多い個体だが、内側初列風
切は成鳥のようなパターンになっていない。2018年2月7日（上），
2月8日（右）Sharjah UAE MU

第2回冬羽 2w 静止時は雨覆がほぼ全て灰色に見え、第3回冬羽に似る個体だが、飛ぶと外側大雨覆が
褐色で、内側初列風切も成鳥のようなパターンになっていない。背の灰色は現地で同時に見られるヒュー
リンカモメより淡い。2018年2月9日 Sharjah UAE MU

亜種カザフセグロカモメ

2回冬羽 2w　雨覆の大部分が褐色の個体。体下面はほぼ真っ白で、翼下面も大半が白い。"タイミルセグロカモメ"では後頭から体下面にこれより斑があり、モンゴルセグロカモメではこれより雨覆に白色部がいのが普通。2018年2月7日　Sharjah UAE　MU

第1回冬羽 1w　頭から腹の大部分が白い。上背・肩羽および雨覆の広範囲が換羽済みで、その地色はヒューグリンカモメより淡い灰色。2018年2月9日　Sharjah UAE

1回冬羽 1w　左は雨覆の大部分を換羽した個体。右は肩羽に模様がほとんどない個体で、雨覆の多くは摩耗・褪色した幼羽。いずれも頭から腹が白く、肩羽は淡い。2018年2月8日　Sharjah UAE　MU

99

亜種カザフセグロカモメ

第1回冬羽 1w 上背、肩羽と雨覆の大半を換羽した個体。内側初列風切のウィンドウは不明瞭、まはない。頭から腹が白く、この個体は翼下面も広囲が白い。2018年2月7日 Sharjah UAE MU

第1回冬羽 1w
左と下2点は同一個体。換羽の進が遅い個体で雨覆はほぼ幼羽だた頭から腹のほとんどが白く、対し黒い嘴と眼がそれぞれ孤立して見る。肩羽の地色は淡い。2005年月15日 Al Bāntah Oman MU

亜種カザフセグロカモメ

第1回冬羽 1w 個体A
前出の第2回冬羽と同一と思われる個体。セグロカモメの群中では足と翼の長さが際立ち、大部分が白い頭から腹と、暗色の雨覆の対比が非常に目立つ。換羽と摩耗は本亜種としては遅めだが、中東より遥かに寒冷な気候が影響している可能性がある。2003年3月20日 千葉県 MU

第1回冬羽 1w 個体A　上と同一個体。大雨覆は暗色帯を形成し、内側初列風切のウィンドウは不明瞭。
2003年1月13日 千葉県 渡辺義昭

第1回冬羽 1w　中・小雨覆がかなり換羽しているが、大雨覆は大半幼羽。頭から腹の大部分が白い。
2018年2月7日 Sharjah UAE　MU

アメリカセグロカモメ

Larus smithsonianus
American Herring Gull

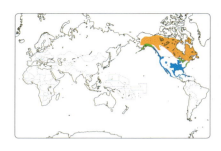

■**大きさ** 全長53〜65cm、翼開長120〜150cm。 ■**分類** 本書ではIOC Bird List v9.2に従い独立種として扱った。広義のセグロカモメ*L.argentatus*の一亜種とする説や、セグロカモメ、モンゴルセグロカモメと併せて3亜種で1種*L.smithsonianus*とする説もある。 ■**分布・生息環境・習性** アラスカからニューファンドランドに至る北米大陸北部で広く繁殖し、北米大陸中南部で越冬。日本では東日本を中心に冬期に少数が観察される。関東地方では確実なものに限るとカナダカモメより渡来数はかなり少ないが、特に幼羽・第1回冬羽で識別の難しい例も見られ、渡来状況が正確に掴めていない面もある。 ■**鳴き声** セグロカモメによく似て若干澄んだ声で、クアークアクアクア…などと長鳴きする。 ■**特徴** 概ねセグロカモメに近い大きさと体型の大型カモメ類。

■**成鳥** 背の灰色はKGS：3-5(6)で、セグロカモメより淡く、シロカモメより濃い。虹彩はほとんどの個体が黄白色。暗色斑が少量入るものも珍しくないが、瞳孔を視認しにくいほど虹彩が暗色に見える個体は稀。眼瞼は黄色〜橙色、または淡い肉色。嘴は黄色で下嘴に赤斑がある。初列風切のパターンはセグロカモメに似るが、日本に渡来する可能性が高い北米西部の個体群では黒色部が多い傾向で、ミラーがP10の1個のみで黒いサブターミナルバンドも太い個体が多い。北米東部のものは白色部が多めで、P9のミラーが内弁の淡色部とつながり、カナダカモメに似たパターンになる個体も多いが、地理的に日本に渡来する可能性は高くないため、日本で白色部の多いものはシロカモメ×セグロカモメなどの雑種の可能性をまず考える必要がある。

夏羽 頭は純白で嘴は鮮やかな黄色。

冬羽 頭から胸の褐色斑の質はセグロカモメよりソフトでカナダカモメに似る傾向があるが、個体差もかなり大きく、後頸を中心に細めの斑が出る程度のものもいる。嘴に黒斑を持つ個体が多いが、ないものもいる。

■**第4回冬羽** 成鳥に似るが嘴の黄色味が鈍く、先端近くに黒帯があることなどから推定される。ただし個体差があって成鳥や第3回冬羽が似る可能性もある。

■**第3回冬羽** 成鳥に似るが嘴は鈍い肉色や灰緑色などで、先端近くに太い黒帯がある。雨覆などに褐色部があり、尾羽にも暗色部がある。羽色の個体差は大きく、一見第2回冬冬羽に酷似するものもいるが、内側初列風切は成鳥に似て灰色と白帯のパターン。

■**第2回冬羽** 上背から肩羽に青灰色が出るが、ほぼ出ないものから雨覆まで広がるものまで個体差が大きい。この青灰色が淡いことと、大雨覆が暗色帯を形成することがセグロカモメとの識別の目安になる。虹彩はこの段階で淡色になる個体の割合がセグロカモメより高いが、暗色の個体もいる。胸から腹の広範囲がセグロカモメより一様な灰褐色で、上尾筒も暗色の縞が多い

傾向だが、個体差も多く比較的白っぽい個体もいる。内側初列風切は成鳥のようなパターンにならない。背の青灰色の淡さなどからカナダカモメにも似るが、初列風切は表裏ともにセグロカモメのように黒味が強い。

■**第1回夏羽** 春に摩耗・褪色が進むと雨覆の模様が不鮮明になり、大雨覆の暗色帯もわかりづらくなる場合がある。その後換羽が進むと他種同様に暗色の新羽と褪色して白っぽい幼羽の対比が目立つが、この状態が日本で観察される可能性はあまり高くない。

■**第1回冬羽** 幼羽に比べて頭部が淡色になり、上背から肩羽が換羽する。この新羽は地色が淡い灰褐色であることが多く、全体の羽色が暗色傾向の中で明るく目立つ傾向がある。嘴は基部が肉色になり、これも全体の羽色の暗さとの対比が目立つことが多い。ただし以上の変化が起きる時期・程度・範囲は個体差も大きい。

■**幼羽** セグロカモメに似るが、全体により暗色。胸から腹はべったりと一様な暗褐色であることが多く、肩羽や雨覆などの各羽も暗色部が広く淡色部が少ない。大雨覆は暗色帯を形成し、尾羽は外側数枚の基部を除いてほぼ一様に黒褐色。上尾筒・下尾筒ともに太い横斑に密に覆われる。ただし

以上の羽色の特徴は個体差も大きく、淡色部が多めの個体ではセグロカモメに接近または重複し、識別が難しい場合がある。

■**幼羽・第1回冬羽のその他の種との識別**
　オオセグロカモメの暗色の個体は、羽色・模様が本種に酷似する場合があるので注意が必要。オオセグロカモメは翼が短くずんぐりした体型と、嘴がやや下向きに付いているような独特の顔つきなどから、構造的な印象がセグロカモメとやや異なるが、本種ではこれがセグロカモメの方に近い。大雨覆もセグロカモメより暗色だが、模様が規則的に並ぶ傾向はオオセグロカモメよりセグロカモメに近いことが多い。初列風切はオオセグロカモメの方が各羽の内弁が淡色で、先端に淡色羽縁が出る傾向があるが、個体や状況によってはほぼ差がわからない場合もあるので、他の特徴も併せて総合的に判断する必要がある。

　"**タイミルセグロカモメ**"も大雨覆が暗色帯を形成するなどの傾向から本種に似る場合があるが、頸から腹は白っぽい地色と暗色斑のコントラストが強く、雨覆などの暗色傾向の割には胸から腹が淡色に見える傾向。内側初列風切は個体差が大きいが、淡色のウィンドウが狭く不明瞭なものが多い。

鳥冬羽 ad. w カナダの越冬地の群。背の灰色はセグロカモメより淡いが個体差もある。中央左下の個体特に淡く、日本のセグロカモメの群中に入るとより飛び抜けて差が目立つと思われる。2005年12月10 Ontario Canada　MU

アメリカセグロカモメ

成鳥冬羽 ad. w セグロカモメより背の灰色が淡く、虹彩は黄白色。初列風切の黒色部はP10〜P5まで6枚。ミラーはP10の1個のみ。2006年3月13日 千葉県 MU

成鳥冬羽 ad. w 飛翔時もセグロカモメと比べて背の灰色の淡さが目立つ。この個体もミラーはP10の1個のみ。黒色部は7枚（P4外弁に小斑あり）。黄白色の虹彩、橙黄色の眼瞼、黒斑のある嘴と、典型的な特徴が揃っている。一見似ていても、初列風切の黒色部が少なく、P10下面が淡いなどの場合はシロカモメ×セグロカモメなどの雑種の可能性を考える必要がある。2019年3月25日 千葉県 MU

成鳥冬羽 ad. w 個体A 虹彩内に暗色斑が多い個体だが、それ以外は全て典型的な特徴を備えている。セグロカモメ群中では背の灰色の淡さとソフトな頸の灰褐色斑が目立つ。初列風切の黒色部はP10〜P4まで7枚で、ミラーはP10の1個のみ。黒色部が多い北米西部の個体群の特徴によく合致する。（左）2017年1月17日,（右）2019年3月19日 千葉県 MU

107

アメリカセグロカモメ

成鳥冬羽 ad. w（左端） 右のオオセグロカモメはもちろん、さらに右のセグロカモメと比べても背の色〔が〕淡い。見える範囲のP10の下面はミラーを除いて一様に黒い。2006年2月11日 千葉県 MU

成鳥冬羽 ad. w（手前） 後方はセグロカモメ。背中の灰色は淡く、ユリカモメよりやや濃い程度だが、〔光〕線状態や角度によりセグロカモメとの差がそれほど目立たないこともある。この個体もP10のみにミラー〔〕があり、P4まで7枚に黒色部がある。2015年3月13日 東京都 MU

成鳥冬羽 ad. w 上と同一個体。虹彩は黄白色で眼瞼は橙黄色。201〔〕年1月28日 東京都 MU

セグロカモメ（亜種セグロカモメ） *L. vegae vegae*
成鳥冬羽 ad. w 眼瞼は橙色〜赤色。虹彩は黄白色〜暗褐色。遠目には暗色に見える個体の割合が高い。2016年11月7日 神奈川県 MU

アメリカセグロカモメ *L. smithsonianus* **成鳥冬〔羽〕ad. w** 眼瞼は黄色〜橙色。虹彩は黄白色で、暗〔色〕斑が多少入るものもあるが、通常遠目からは淡色に見える。暗色に見えるものは稀。2016年10月2〔〕日 Ontario Canada MU

アメリカセグロカモメ

成鳥冬羽 ad. w　セグロカモメに比べて嘴に黒斑のある個体の割合が高いが、ない個体も見られる。換羽はセグロカモメより早く、ここでは10月下旬でほとんどの個体がすでに初列風切に旧羽を持っていなかった。ただし北米でも東部より西部のものの方が換羽がより遅い傾向がある。2016年10月27日　Ontario Canada　MU

第3回または4回冬羽 3w or 4w
第3回冬羽に似るが、初列風切の白斑が比較的大きいことなどから、第4回冬羽の可能性がある。このように成鳥に近い段階での特徴の出方には個体差が大きく、判断が難しいことも多い。2016年10月26日 Ontario Canada　MU

第3回または4回冬羽 3w or 4w　上の画像と同一個体。2016年10月26日　Ontario Canada MU

第3回冬羽 3w　大雨覆が褐色で尾羽に黒斑がある。第2回冬羽と異なり、内側初列風切は成鳥のパターンに似る。Ontario Canada　MU

109

アメリカセグロカモメ

第3回冬羽 3w 個体A セグロカモメの群中で背の淡さが目立っていた。第2回冬羽に似る個体だが、成鳥に近い内側初列風切のパターンなどから第3回冬羽と考えられる。2013年3月26日 千葉県　MU

第2回冬羽 2w 背の青灰色が雨覆にも及び、第3回冬羽に似る個体だが、内側初列風切は成鳥のようなパターンになっていない。遠目には頸回りの褐色部の濃さに対して背の青灰色の淡さが目立ち、このバランスが多くのセグロカモメと異なって見える。2012年1月17日 千葉県　MU

第2回冬羽 2w セグロカモメ群中では側頸から脇の一様な褐色と、背の青灰色の淡さがよく目立っていた。虹彩はすでに淡色になっている。大雨覆は暗色帯を形成し、尾羽の暗色帯も広い。第3回冬羽とは内側初列風切のパターンが異なる。2007年3月1日 千葉県　MU

アメリカセグロカモメ

第2回冬羽 2w　雨覆にも青灰色が多く見られる個体。大雨覆は明瞭に暗色帯を形成している。2016年10月25日 Ontario Canada　MU

第2回冬羽 2w　背の青灰色があまり出ていない個体。第1回冬羽より模様が不規則で潰れたような印象。2016年10月25日 Ontario Canada　MU

第2回冬羽 2w　背の青灰色は一部しか出ていないものの、周囲のセグロカモメより淡く目立っていた。虹彩は淡色で大雨覆は暗色。2017年4月3日　千葉県　MU

第2回冬羽 2w　セグロカモメ第2回冬羽に似るが、の灰色の淡さが目立ち、大雨覆は暗色帯を形成す。2016年10月24日 Ontario Canada　MU

第2回冬羽 2w　この個体の内側初列風切は灰色味が強いが、褐色の軸斑があり、先端は明瞭な白帯を形成していない。2016年10月24日　Ontario Canada　MU

アメリカセグロカモメ

幼羽→第1回冬羽 juv.→1w 全体に一様に暗褐色で大雨覆も暗色帯を形成している、典型的な羽色の個体。前縁雨覆も一様に暗褐色。2012年1月17日 千葉県 MU

第1回冬羽 1w 淡色部が多めの個体（左）と、より暗色の個体（右）。右の個体の大雨覆は一様な暗色帯形成し、上尾筒も密な縞に覆われている。左のような個体は日本での識別難度が高い。2016年10月24日（左），10月26日（右）Ontario Canada MU

幼羽 juv. 左と上2点はそれぞれ別個体。右上は大雨覆の白色部が多く、日本では識別がかなり難しい可能性がある。左は顔から胸、腹まで極めて一様な暗灰褐色で、日本のセグロカモメの群れに入るとかなり目立つことが予測される。10月26日（上2点），10月25日（左）Ontario Canada MU

アメリカセグロカモメ

羽→**第1回冬羽 juv.→1w**　前頁冒頭と同一個体。上尾筒・下尾筒ともに密な縞に覆われ、尾羽もほぼ付根まで暗色。2012年1月17日　千葉県　MU

羽→**第1回冬羽 juv.→1w**　オオセグロカモメ暗色個体に羽色が似るが、飛翔時は翼がより長尖って見える傾向がある。2016年10月26日　ntario Canada　MU

第1回冬羽 1w　縞に覆われた上尾筒と、ほぼ基部まで暗色の尾羽、暗色帯を形成する大雨覆に注意。2016年10月25日　Ontario Canada　MU

幼羽→第1回冬羽 juv.→1w　全体に淡色部が多めの個体。外側尾羽基部にかなり白色部があり、パターンがセグロカモメとオーバーラップする。大雨覆も白い切れ込みが多く、暗色帯らしく見えるのは外側寄りのみ。特に日本での識別は難しいことが予測される。2016年10月24日　Ontario Canada　MU

オオセグロカモメ

Larus schistisagus
Slaty-backed Gull

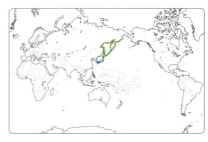

■**大きさ** 全長61〜66cm、翼開長145〜150cm。■**分布・生息環境・習性** 日本国内で繁殖する唯一の大型カモメ類。極東ロシアのベーリング海とオホーツク海の沿岸、サハリン、沿海地方、日本の北海道と東北地方の北部で繁殖。海辺の断崖や建物上で営巣する。個体数は1980年代から2000年頃にかけて顕著に増加したが、近年再び減少に転じ、北海道レッドリスト2017年版の準絶滅危惧種に指定された。冬季は北海道から九州で広く観察され、他の大型カモメ類とよく混群を作るが、セグロカモメやシロカモメより幾分起伏のある環境を好む傾向がある。■**鳴き声** セグロカモメよりかすれの少ない澄んだ声で、長鳴きの後半もあまりテンポを上げず、クォークォークォーと伸ばしてゆっくりと鳴く。■**特徴** セグロカモメと概ね同大だが、よりずんぐりした体型で翼が短めに見える。嘴が頭に対して幾分下向きについているように見え、セグロカモメと顔つきが異なることが多い。特に雄タイプの大型の個体では額が低くて眼と嘴が離れた面長の印象を強く与えることが多い。

■**成鳥** セグロカモメに似るが背の灰色は**KGS：9.5-13**と明らかに濃い。足は濃いピンク（春に橙色を帯びる個体の観察例もあるがかなり稀）。眼瞼はピンク〜紫。虹彩は淡色に見える個体が多いが、暗色に見える個体も少数見られる。初列風切はムーンが太く目立つ傾向が強く、アメリカオオセグロカモメやオオカモメ（共に国内未記録）などの類似種との識別に役立つ。

夏羽 頭から胸は純白。夏羽への移行はセグロカモメより早く、1月頃から夏羽の個体が見られるが、個体差も大きく、3月になっても冬羽の個体も見られる。

冬羽 頭から胸に様々な程度に褐色斑が出る。眼の周囲が特に濃く、淡色の虹彩を際立たせている個体が多い。

■**第4回冬羽** 成鳥に似るが、嘴の色が鈍くて大きな黒斑があったり、初列雨覆に黒斑があったりと、若い特徴が残るが、個体差も大きく、第3回冬羽や成鳥との区別が難しいことがある。

■**第3回冬羽** 成鳥に似るが、嘴は肉色で先端近くに黒斑があり、雨覆に様々な程度に褐色部がある。褐色部が多く第2回冬羽に似る個体でも、内側初列風切は成鳥に似たパターン。

■**第2回冬羽** 上背から肩羽に成鳥のような濃い灰色が出るが、その範囲は個体差が大きく、ほぼ出ない個体から雨覆まで広がる個体まで見られる。大雨覆は一様な褐色で暗色帯を形成する個体が多く見られるが、白地に波状斑が出る個体や、褪色してほぼ白っぽい個体など、変化が大きい。虹彩はこの段階で淡色になる個体の割合がセグロカモメより高い。

■**第1回夏羽** 春には摩耗・褪色が進んで著しく白い個体がよく見られるが、その後、肩羽から雨覆の換羽の進行に伴い暗褐色に見える範囲が広がり、残存する白っぽい幼羽との対比が目立って継ぎはぎ状に見

えることが多い。

■**第1回冬羽** 秋から冬にかけて上背から肩羽が換羽し、雨覆や風切の幼羽は摩耗・褪色が進む。このタイミングはセグロカモメよりかなり早いため、多くのセグロカモメでは依然羽が新鮮で均質に見える冬期から、羽色や質感が不均一で乱れた印象に見える傾向。ただしこの点は個体差も大きく、換羽があまり進まずに摩耗するものや、時に3月頃までかなり新鮮な状態を保つものもいる。

■**幼羽** ほぼ全身褐色で嘴は黒く、羽毛が新鮮で整っている。これに近い状態を保持するのは主に夏から秋で、厳冬期や春まで持続する個体は、セグロカモメと比べるとかなり少ない。

■**幼羽・第1回冬羽の他種との識別** 幼羽・第1回冬羽は羽色・模様の個体差に加えて、換羽・摩耗・褪色の進行度合いによって多様な外観を示し、セグロカモメ、アメリカセグロカモメ、モンゴルセグロカモメ、ワシカモメ、カナダカモメなどさまざまな種/亜種に一見似た個体が見られる。原則として**セグロカモメ・モンゴルセグロカモメ**よりは外側初列風切など暗部の黒味が弱い傾向で、その結果羽色の明暗のコントラストが弱く見え、色合いは褐色味が強め。一方で**ワシカモメ**ほど極端に一様な灰褐色ではなく、ある程度の濃淡があって褐色味はより強く、全体の摩耗・褪色が進んでも、外側初列風切が他の部位に比べて相対的に暗色に見えることは有効な注目点。また最も暗色の個体は**アメリカセグロカモメ**に羽色が酷似するので、より翼が短めでずんぐりした体型、嘴の形状や顔つきの傾向、濃いピンクの足、肩羽の新羽の地色が濃い傾向など、多くの要素を総合して判断する。小型の個体は**カナダカモメ**に似ることがあるが、それより嘴や足が太めで、換羽や摩耗は早い傾向があり、羽色・模様は全体にムラが多く、不規則で乱れた印象に見えることが多い。また春に極端に摩耗・褪色した個体が**シロカモメ**と誤認される場合があるが、その状態でも外側初列風切、次列風切、尾羽がそれ以外と比べて相対的に暗色に見えること、嘴の黒色部が多く、肉色との境が不明瞭なことなどから区別する。

セグロカモメ *L. vegae*（左）と**オオセグロカモメ** *L.schistisagus*（右）第1回冬羽 1w
オオセグロカモメの方が褐色味が強くて濃淡のコントラストが弱く、換羽・摩耗・褪色が進んでいることに注意。ただし個体差も大きく、これほど両者の差が開かないことも珍しくない。2017年12月18日 千葉県 MU

成鳥夏羽 ad. s 背の灰色はセグロカモメより明らかに濃く、足は濃いピンク。三列風切の白色部は広く、初列風切の突出は小さい傾向。虹彩は淡色に見える個体が多い。眼瞼はピンクで、橙〜赤色のセグロカモメと異なる。夏羽への移行はセグロカモメより早く、1〜2月から夏羽の個体が見られる。ただし個体差も大きく、3月でも依然ほぼ完全な冬羽の個体も見られる。2012年2月13日 千葉県 MU

成鳥夏羽 ad. s セグロカモメより割合はかなり少ないが、このように虹彩が暗色の個体も中には見られる。後方のセグロカモメに比べて背の灰色の濃さが目立ち、初列風切の突出は小さめ。2017年3月9日 東京都 MU

成鳥冬羽 ad. w 頭部から胸に褐色斑が出るが、その範囲や質は個体差が大きい。この個体のように眼の周囲が隈取のように黒ずみ、淡色の虹彩との対比が目立つことが多い。2017年1月31日 千葉県 MU

オオセグロカモメ

成鳥冬羽 ad. w 初列風切の白色部が少なめの個体で、ミラーはP10の1個のみだが、翼後縁の白帯が広く、P8～P6に太いムーンがあるのは本種の典型的な特徴。2016年2月4日 東京都 MU

成鳥冬羽 ad. w 初列風切の白色部の多い個体。P9はカナダカモメのようにミラーが内弁の白色とつながっている。P8～P6のムーンも大きく、翼端近くを白い斑列が横切っているように見える。2016年1月17日 東京都 MU

第4回？冬羽 4w ? 成鳥に似るが嘴に大きな黒斑があって赤斑が弱く、尾羽にも黒斑がある。初列風切各羽先端の白斑は小さい。ただし羽色の変遷には個体差もかなりあるため、第3回冬羽が似る可能性もある。2008年11月23日 神奈川県 MU

第3回冬羽（→夏羽）3w (→3s) 頭はかなり白くなっているが、嘴は黒色部が多く、大雨覆に褐色部がある。2018年3月12日 千葉県 MU

第3回夏羽 3s 雨覆に褐色部があり、嘴と頭は成鳥夏羽に似る。2017年4月10日 神奈川県 MU

オオセグロカモメ

第3回冬羽 3w 雨覆の広範囲が暗褐色の個体。初列風切は成鳥に似るが白色部が小さい。翼後縁は成鳥同様に太い白帯がある。2017年1月17日 千葉県　MU

第3回冬羽 3w 雨覆に淡褐色部が多く、第2回冬羽に似る個体だが、翼後縁に成鳥のような太い白帯があり、尾羽の黒帯も狭い。2018年4月2日 千葉県　MU

第3回冬羽 3w 左と似た個体。三列風切の下に内側初列風切の太い白帯が覗いており、尾羽も大部分白っぽい。2018年1月15日 千葉県　MU

第2回冬羽 2w 体上面の灰色が雨覆にも及び、静止時は一見第3回冬羽に似る個体。翼後縁には成鳥のような白帯はなく、尾羽の暗色帯は広い。2017年2月13日 千葉県　MU

オオセグロカモメ

第2回冬羽 2w 雨覆が一様に暗褐色の個体。
2018年3月19日 千葉県 MU

第2回冬羽 2w 左より雨覆に淡色部が多い個体
2017年1月17日 千葉県 MU

第2回冬羽 2w 原則として翼後縁は成鳥のような白帯がないが、時にこの個体のように内側初列風切数枚が早く換羽して白帯が出ている場合もある。
2018年4月2日 千葉県 MU

第2回冬羽 2w 外側初列風切は暗褐色で内弁がやや淡い。アメリカオオセグロカモメではここがより一様に黒く見える。2017年1月31日 千葉県 MU

第2回冬羽 2w 体上面の青灰色があまり出ていない初期の第2回冬羽。2011年10月24日 神奈川県 MU

オオセグロカモメ

第1回冬羽→夏羽 1w→1s 摩耗褪色が進んで白くなった個体だが、風切は暗褐色を保持している。2016年2月16日 千葉県 MU

第1回冬羽→夏羽 1w→1s 初列風切先端も白っぽくなった個体だが、外弁の基部寄り（三列風切の下）には褐色が残っている。2017年2月13日 千葉県 MU

第1回冬羽 1w 羽色は極めて変化が多い。一般にセグロカモメより風切の黒味が弱めで褐色がかり、雨覆の模様は不規則で不鮮明な傾向。一方でワシカモメ（写真左下の灰色味の強い1羽）やカナダカモメより色ムラが多く、摩耗と褪色が早い傾向が相まって、群を一瞥すると色あいと質感が不均一で雑然とした印象を受けることが多い。2017年2月13日 千葉県 MU

第1回冬羽 1w 模様がセグロカモメに似る個体だが、初列風切は黒味が弱く、尾端からの突出は小さい。2019年2月12日 千葉県 MU

第1回冬羽 1w 雨覆がより一様に暗褐色の個体。このように胸から上が白っぽい個体がよく見られる。2017年12月28日 千葉県 MU

オオセグロカモメ

第1回冬羽 1w 尾羽の暗色帯が広い個体。2019年1月22日 千葉県 MU

第1回冬羽 1w 左より褪色が進んだ個体。2016年2月16日 千葉県 MU

第1回冬羽 1w 尾羽の暗色帯が例外的に狭い個体。2019年3月5日 千葉県 MU

第1回冬羽 1w 雌の可能性が高い小型の個体。褪色により一見羽色や模様がモンゴルセグロカモメに酷似し、かなり紛らわしいが、体型はずんぐりしていて、初列風切は黒味が弱い褐色で淡色羽縁があり、遠目にも全体にコントラストが弱く見える。2017年3月20日 千葉県 MU

幼羽 juv. 暗色で換羽や摩耗が遅く、アメリカセグロカモメに酷似する個体。翼が短くずんぐりした体型、赤味の強い足に注意。観察条件が良くないと判断が困難なこともある。2008年1月15日 千葉県 MU

オオセグロカモメ

羽 juv. 極めて暗色でアメリカオオセグロカモメを思わせる個体だが、初列風切は黒味がやや弱くて淡
羽縁があり、飛翔時も各羽の内弁が淡色でそれほど真っ黒に見えず、下面も淡色に見える。2011年12
5日 千葉県 MU

羽-第1回冬羽 juv.-1w 一般にセグロカモメより換羽・摩耗・褪色の進行が速いのも本種の特徴だが、
体差も大きい。この個体は、3月下旬で未だほぼ幼羽に近い状態で摩耗も少なく、右に立っている進行の
い個体とは同年齢ながら全く印象が異なる。2017年3月28日 千葉県 MU

羽 juv. 標準的な羽色の幼羽。初列風切は比較　　幼羽 juv. 羽色がより一様な個体で、セグロカモ
がないと黒く見えることがあるが、セグロカモメ　メとの差はより顕著。ワシカモメに比べると全体に
並ぶと黒味が弱く見えることが多い。換羽や摩耗　褐色味が強く、初列風切は暗色で体全体のとの対比
進行は遅い個体で、これより一月前でも遥かに進ん　がやや目立つ。2016年11月29日 神奈川県 MU
いる個体も多い。2018年12月10日 千葉県 MU

125

ワシカモメ

Larus glaucescens
Glaucous-winged Gull

■**大きさ** 全長60〜66cm、翼開長 137〜150cm。■**分類** 亜種は認められていないが、アジアのものは北米のものに比べて暗色傾向とされる。■**分布・生息環境・習性** カムチャツカ半島からアリューシャン列島、アラスカを経てワシントン州に至る沿岸部や島嶼で繁殖。日本では主に本州中部以北の海岸や漁港で越冬し、特に北日本で数が多い。関東以西では数が少なく、九州でも観察例があるが稀。また国内では北海道礼文島（2003年）と利尻島（2005〜2010年）でオオセグロカモメとの交雑繁殖つがいの報告例がある。セグロカモメに比べて、平坦な砂浜や干潟よりも起伏のある海岸線を好む傾向がある。■**鳴き声** クオークオーなどとオオセグロカモメに似た声で鳴く。

■**特徴** 嘴は下嘴角がよく発達して太くがっしりしている。翼が短くずんぐりとした体型。羽色は幼鳥・成鳥ともに目立つ暗色部がどこにもなく、極めて一様に見えるのが大きな特徴。

■**成鳥** 背の灰色はKGS：4-7でセグロカモメと同程度からやや淡く、それよりやや濃い灰色（KGS：6-8）の初列風切が最大の特徴。ただしシロカモメ×セグロカモメなどの雑種やクムリーンカモメでも灰色の初列風切を持つので、他の特徴を総合して判断する。虹彩は暗色に見える個体が多く、眼瞼はピンク〜赤紫。足は濃いピンク。嘴は黄色で下嘴に赤斑がある。

夏羽 頭部は純白で嘴は鮮やかな黄色。セグロカモメより早い2月頃から夏羽の個体がよく見られる。

冬羽 頭から胸の斑は大型カモメ類の中でも最も一様で、明瞭な縦斑や丸斑ではなく、和紙の繊維のような斑。この斑の質の違いから、セグロカモメなどの群中では正面向きでも目に留まることが多い。ほとんどの個体で嘴に黒斑がある。

■**第4回冬羽** 成鳥に似るが、嘴の色が鈍くて大きな黒斑があり、赤斑の発達が弱いなど、若い特徴が残存する。ただし個体差もあるため成鳥や第3回冬羽との区別が難しい場合がある。

■**第3回冬羽** 成鳥に似るが、嘴に黒色部が多く、雨覆に褐色部があり、初列風切は灰褐色で白斑はないか小さい。尾筒は灰褐色の帯が出る。内側初列風切は成鳥に似た灰色と白のパターン。他の大型カモメ類より嘴の黒色部の減退は遅い傾向で、嘴の半分以上が黒い個体が多く見られる。

■**第2回冬羽** 上背から肩羽に青灰色が出るが、全く出ない個体もいる。第1回冬羽に比べて全体に模様はすり潰したように不明瞭で、極めて一様な灰褐色に見える。上尾筒も灰褐色の不明瞭な斑紋に覆われ、周囲との顕著な明暗差がないことが多い。嘴は大部分が黒いのが普通。

■**第1回夏羽** 春に摩耗・褪色が進むと全体に極めて淡色になるが、その後換羽が進むと、暗灰褐色の新羽と、褪色した白っぽい幼羽との対比が目立つようになる。この時期は冬季より羽色が不均一なため、オオ

セグロカモメとの混同が起きやすい。オオセグロカモメより全体に灰色味が強いことと、同世代の羽どうしの比較において、外側初列風切が内側初列風切に比べて濃く見えないことが目安になる。

■**第1回冬羽** 全身灰褐色に見え、嘴は大部分黒い。上背から肩羽が換羽し、雨覆や風切の幼羽の摩耗が進むが、あまり換羽が進まずに摩耗する個体もいる。換羽後の肩羽は一様な灰褐色で模様がないか、あっても不明瞭。稀に成鳥のような青灰色の羽が出る個体もいるので、雨覆の模様なども総合して年齢を判断する。

■**幼羽** 全体に灰褐色で、肩羽や雨覆は細かい横斑が整然と並ぶが、初列風切や尾羽に目立って暗色の部分はなく、上尾筒も密に横斑に覆われるため、全体に極めて一様に見える。足は黒味がかったピンクで、特に跗蹠の前面や蹼が黒っぽく見えることが多い。この黒味はオオセグロカモメなど他種にも見られるが、本種が最も顕著で長く残る傾向がある。

■**幼羽・第1回冬羽の他種との識別**
　オオセグロカモメより褐色味が弱く灰色味が強いため、遠目からも色調の違いが目に付くことが多い。外側初列風切、次列風切、尾羽が、他の部位とほぼ同等くらいの濃さで、目立って濃く見えることがない。静止時も外側初列風切外弁が見えていれば、ここが他の部位に比べて暗色でないことが目安になる。頭から首も成鳥冬羽同様にオオセグロカモメより一様に見えることが多い。ただし両種間には交雑もあるため、判断が難しい場合には雑種の可能性も考える必要がある。

　シロカモメとは、初列風切が白くなく、嘴は大部分黒色であることから通常識別は容易。ただしシロカモメとも交雑があるため、中間的な場合は雑種の可能性を考える必要がある。

　色調が似る**カナダカモメ**とは、外側初列風切、次列風切、尾羽が暗色でないこと、嘴が太く眼が小さいこと、体が大きく翼が短いことなどから通常区別は容易。

　クムリーンカモメとの比較では、通常大きさや体型、嘴のサイズ、形状の差がさらに開く。羽色は一部のクムリーンカモメにかなり似ることがあるが、一般には本種の方が白色部が少なく一様に潰れたように見える。ただし一部の雌と思われる小型の個体では、稀に嘴が短く一見かなり紛らわしい例もあるため、多くの特徴を総合して慎重に判断する必要がある。

第1回冬羽 1w (foreground)
手前の1羽のみワシカモメで、他はオオセグロカモメ。灰色味が強く、目立って濃い部分がない一様な羽色に注意。2017年4月3日 千葉県 MU

ワシカモメ

成鳥夏羽 ad. s　灰色の初列風切（背の灰色よりはやや濃い）が最大の特徴。嘴は太く、下嘴角が発達して頑強に見える。翼は短く、尾端からの突出は嘴峰長より明らかに短い。2019年2月26日　千葉県　MU

鳥夏羽 ad. s　つがいと思われる2羽。左の個体が一回り小さく、雌と思われる。夏羽への移行はセグロモメなどより早く、2月頃から頭が純白で嘴の色が鮮やかになる個体がよく見られる。翼下面は白〜灰色、セグロカモメのような黒い斑紋がない。2019年3月18日　千葉県　MU

鳥冬羽 ad. w　ミラーがP10の1個のみの個体。16年12月29日　東京都　MU

成鳥夏 ad. s　多くは虹彩が暗色だが、このようにやや淡い個体も見られる。眼瞼はピンクや紫系で、シロカモメやセグロカモメとは異なる。2017年2月28日　千葉県　MU

ワシカモメ

成鳥冬羽 ad. w 冬羽の頭部の灰褐斑は極めて一様で、セグロカモメなの群中ではこの点だけでもかなり目つことが多い。冬羽では嘴に黒斑があるのが普通。大きな嘴と翼の突出のさに注意。2012年1月30日 千葉 MU

第3回冬羽 3w 他種に比べて嘴の黒色部がこの年齢になっても比較的多く残る傾向がある。2017年3月20日 千葉県 MU

第3回冬羽 3w 尾羽に灰色の帯がる。2017年1月17日 千葉県 MU

第3回？冬羽 3w? 上面の青灰色が雨覆にも及ぶことと、次列風切の白帯からは第3回冬羽のように見えが、尾羽の帯がかなり広く、上尾筒にも斑があり、内側初列風切先端に白帯を欠くなど、第2回冬羽に近特徴が見られ、年齢識別の難しい個体。2016年2月16日 千葉県 MU

2回冬羽 **2w** 上背の青灰色を除いて全身一様な灰褐色。より褐色味が強いオオセグロカモメに対し、いくらか紫がかったトーンに見えることが多い。2017年2月13日 千葉県 MU

第2回冬羽 **2w** 上尾筒も灰褐色で、羽色は極めて一様に見える。2017年4月3日 千葉県 MU

2回冬羽 **2w** 比較的淡色の個体。2007年3月3日 千葉県 MU

2回冬羽 **2w** かなり暗色の個体。背に青灰色がほとんど出ていないが、第1回冬羽より模様が不鮮明でとんどベッタリと潰れているように見える。2018年1月15日 千葉県 MU

ワシカモメ

第1回冬羽 1w（right） 左はオオセグロカモメ。全体が極めて一様な灰褐色で、初列風切がその他の部分に比べてほぼ同等〜淡色に見えることが重要なポイント。オオセグロカモメは全体が非常に淡色の個体であっても、初列風切（特に静止時に三列風切の下に見える部位）が相対的に暗色。2016年3月15日 千葉県 MU

第1回冬羽 1w がっしりした体格で、嘴も太く長い典型的な個体。2008年1月15日 千葉県 MU

第1回冬羽 1w 例外的に小柄で頭が丸く嘴が短個体。クムリーンカモメとの混同に注意が必要だ翼はごく短く、足も太く見えた。2009年2月3千葉県 MU

第1回冬羽 1w 暗色で模様が不鮮明な個体。
2018年3月12日 千葉県 MU

第1回冬羽 1w 例外的に上背と肩羽に青灰色がている個体。第2回冬羽と紛らわしいが、雨覆の則的な模様は幼羽のもの。2013年2月13日 千県 MU

第1回冬羽 1w 初列風切が全体とほぼ同じトーン、オオセグロカモメなどのように濃く見えないことに注意。2018年3月12日 千葉県 MU

第1回冬羽→夏羽 1w→1s 翼や尾羽（幼羽）の摩耗・褪色が進んで白っぽくなった個体。2017年4月3日 千葉県 MU

羽→第1回冬羽 juv.→1w 他の大型カモメ類に比べて足が黒ずんでいることが多い。2016年12月19 千葉県 MU

幼羽 juv. ほぼ新鮮な幼羽。三列風切の下に見えている外側初列風切外弁が、全体とほぼ同じか、もしくはやや淡いトーンに見える点に注意。2016年11月21日 千葉県 MU

シロカモメ

Larus hyperboreus
Glaucous Gull

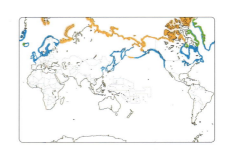

■**大きさ** 全長62〜70cm、翼開長 140〜160cm。■**分布・生息環境・習性** ユーラシアと北米の、主に北極圏の沿岸部や島嶼で広く繁殖する。日本では九州以北に広く渡来し、海岸や漁港で越冬するが、北日本ほど数が多く、東京湾以西では数が少ない。■**亜種** 世界に4亜種が知られ、日本にはその内、極東ロシアで繁殖する亜種シロカモメ *pallidissimus* と、アラスカで繁殖する亜種アラスカシロカモメ *barrovianus* が渡来する。■**鳴き声** セグロカモメよりテンポが遅く澄んだ声で、キュアーキュアーキュアなどと長鳴きする。
■**特徴** 成鳥・幼鳥共に初列風切に暗色の模様がなく白いことが最大の特徴。**亜種シロカモメ**はセグロカモメより大きい個体が多く、頭が前後に長い割に眼が小さい。頭の輪郭は羽毛の状況により変化するが、頭頂部が平らで台形に見えることが多い。嘴は長大だが、下嘴角はワシカモメほど発達せず、比較的直線的な形状。翼は短くて尾端からの突出は嘴峰長より短いことが多く、どっしりとした体型。**亜種アラスカシロカモメ**はセグロカモメと同大またはやや小さめに見える個体が多く、翼がやや長めで尾端からの突出は嘴峰長と同等かそれ以上ある個体が多い。頭に丸みがあり嘴も短めの傾向なので、アイスランドカモメとの識別に注意が必要だが、上記の各特徴はそこまで極端ではなく、セグロカモメで通常見られる体格・体型の個体差の範囲と概ね一致する程度であることが多い。

■**成鳥** 初列風切に暗色の斑紋がなく白いことが最大の特徴。背の灰色もセグロカモメより明確に淡いため、セグロカモメの群中ではよく目立つ（KGS：亜種シロカモメ2.5-4、亜種アラスカシロカモメ3.5-5）。嘴は黄色で下嘴に赤い斑がある。足はピンク。虹彩は黄白色で、眼瞼は黄色〜橙。ただし特に亜種アラスカシロカモメで虹彩に暗色斑が入るものや、眼瞼が赤く見える個体がしばしば見られる。換羽時期は亜種シロカモメの方が遅く、11月頃に初列風切に依然旧羽を保持している個体がよく見られる。

夏羽 頭は純白で嘴は鮮やかな黄色。

冬羽 頭から胸にかけて褐色斑が出る。量は個体により様々で、冬季にも頭部の大半が白く見える個体もいる。斑の質はセグロカモメほど強い縦斑ではないことが多いが、一方でワシカモメほど極端に一様な灰褐色ではないことが多い。

■**第4回冬羽** 嘴の色が地味で大きな黒斑があり、赤斑の発達が弱いなどの特徴から推定されるが、成鳥や第3回冬羽が似る可能性もあるので、正確な識別は難しいことが多い。

■**第3回冬羽** 嘴は肉色で先端近くに黒帯があり、雨覆に不規則な褐色部または汚白色部がある。虹彩は淡色。内側初列風切は灰色と白の成鳥に似たパターン。

■**第2回冬羽** 第1回冬羽に似るが、虹彩は淡色。嘴は先端が淡色になることで、黒色部は帯状になる。上背から肩羽に成鳥の

ような青灰色が出る個体もいるが、出ない個体も多い。第1回冬羽より全体に模様が不規則で不明瞭。羽色は全体に褐色の模様に覆われるものから、褪色してほぼ全身真っ白になるものまで、個体差が大きい。

■**第1回夏羽** 春に摩耗が進むと全体に著しく白くなるが、その後換羽が進むと灰褐色の新羽と摩耗・褪色した白い幼羽の対比が目立つようになる。

■**第1回冬羽** 嘴は先端部の黒と基部の肉色が通常はっきりと分かれるが、亜種アラスカシロカモメと思われる小型の個体で、しばしば黒色部が多く境界が不明瞭な個体が見られ、これがワシカモメやセグロカモメとの交雑に由来するものかどうかの判断が難しい場合もある。上背や肩羽が幼羽から換羽する個体もいるが、あまり換羽が進まないまま摩耗する個体が比較的多い。摩耗・褪色が進むとほぼ全身真っ白になる。

■**幼羽** 全体に細かい淡褐色の模様に覆われ、他の大型カモメ類に比べて全体の色調はバフ色がかった褐色に見えることが多く、濃度はかなり個体差がある。初列風切は白いが、暗色の個体でしばしば各羽先端に細い矢じり型の軸斑が見られる。

■**幼羽・第1回冬羽の他種との識別**

　アイスランドカモメ（亜種クムリーンカモメも含む）とは羽色が酷似し、特に亜種アラスカシロカモメでは大きさと形も接近し、嘴のパターンも似た個体がいるので特に注意が必要。亜種アラスカシロカモメの体格・体型は概ね通常のセグロカモメの個体差の範囲内くらいに収まることが多く、アイスランドカモメに見られるほど極端に小柄で足と嘴が短く細いわけではない。このため極力周囲の大型カモメ類との直接比較で嘴のサイズや跗蹠の長さや太さを比較することが有効。アイスランドカモメは嘴に対して眼がより大きく見え、初列風切の尾端からの突出は嘴峰長より明らかに長いのが普通。

　オオセグロカモメ第1回冬羽は晩冬から春に摩耗・褪色が進むと初列風切も含めて著しく白くなり、本種との混同が起きることがあるので注意が必要。オオセグロカモメは摩耗・褪色が進んでも、外側初列風切外弁、次列風切、尾羽の3か所に褐色部が残り、他の部分に比べて相対的に暗色で目立つが、本種ではそれらの部位も含めて全体が白い。嘴はオオセグロカモメでは黒色部が多く、頭に対してやや下向きについている印象があり、顔つきが異なる。

　ワシカモメも摩耗・褪色により初列風切を含めてかなり白くなることがあるが、全体の色調は灰色味が強く、嘴は黒色部が広く残り、下嘴角が発達していて先太りに見える。

亜種シロカモメ *pallidissimus* **第1回冬羽 1w**
2016年3月15日 千葉県 MU

亜種アラスカシロカモメ *barrovianus* **第1回冬羽 1w** 2012年2月13日 千葉県 MU

眼と嘴のバランスに注意。亜種シロカモメは嘴を含めた頭部が前後に長くがっしりとしていて、その割に眼が小さく見える。ただし個体差も大きく、亜種の識別は難しいことも多い。

亜種シロカモメ *pallidissimus* 成鳥冬羽 ad. w　セグロカモメより大きく、頭部が前後に長く眼が小さい。翼は短くて尾端らの突出が小さい。外側初列風切は旧羽で、摩耗により先が(欠)っている。2016年11月21日　千葉県　MU

亜種シロカモメ *pallidisimus* 成鳥冬羽 ad. w　翼端は白くて暗色の斑紋がない。2019年3月25日　千葉県　MU

(亜)種不明 成鳥冬羽 ad. w　両亜種の性差と個体差を考慮し、(分)かりやすいもの以外は亜種不明とした。2017年1月17日　(千)葉県　MU

亜種アラスカシロカモメ *barrovianus* 成鳥冬羽 ad. w　2018年3月24日　東京都　MU

亜種アラスカシロカモメ *barrovianus* 成鳥冬羽 ad. w　セグロカモメと同大、もしくはやや小さめで、頭(が)丸く見えることも多いため、アイスランドカモメとの混同に注意が必要。アイスランドカモメではこれよ(り)さらに嘴が小さくて翼の突出が長い。2018年2月24日　東京都　MU

シロカモメ

141

シロカモメ

亜種アラスカシロカモメ
barrovianus 成鳥冬羽 ad. w

大きさと体型は概ねセグロカモメに近い
多くの亜種シロカモメほど面長で眼の小さ
い印象ではない。この写真では腹の羽毛を
膨らませているために足が短く見えるが
実際の跗蹠長はセグロカモメ程度。可能で
あれば周囲の個体との直接比較と、状況を
よく考慮した観察が有効。2005年12月
28日 千葉県　MU

亜種不明　第3回冬羽 3w　嘴は肉色で先端付近が黒く、雨覆が灰色と汚白色のまだらに見える。内側初列
風切は成鳥と同様のパターンになっている。2016年2月16 千葉県　MU

第3回冬羽 3w　亜種アラスカシロカモメ *barrovianus*　頭があまり前後に長くなく、嘴も小さめで、ア
スカシロカモメと考えられる個体。しかしアイスランドカモメと異なり、セグロカモメの群中で体格や嘴の
大きさに極端な差異はない。2014年4月1日 東京都　MU

シロカモメ

亜種シロカモメ *pallidissimus* 第2回冬羽 2w
耗・褪色が進むと全身白くなる。前後に長い頭部に対して眼が小さい。翼の突出は短い。2007年3月8日 千葉県 MU

亜種シロカモメ *pallidissimus* 第2回冬羽 2w
同日撮影の左の個体ほど褪色が進んでおらず、模様が残っている。2007年3月8日 千葉県 MU

亜種アラスカシロカモメ *barrovianus* 第2回冬羽 2w　セグロカモメと同大〜やや小さめ。2018年2月●日　東京都　MU

亜種不明 第2回冬羽 2w　第1回冬羽より模様が不明で不規則。2018年3月12日 千葉県 MU

亜種不明 第2回冬羽 2w　虹彩は淡色。模様は左の個体より明瞭だが、第1回冬羽より不規則。2014年2月21日 千葉県 MU

亜種アラスカシロカモメ *barrovianus* 第1回冬羽 1w　後ろはセグロカモメ。アイスランドカモメとの混同に注意が必要だが、セグロカモメと比べて体格、跗蹠や嘴の長さ等に顕著な差はない。2018年1月15日 千葉県 MU

143

シロカモメ

亜種シロカモメ *pallidissimus* **第1回冬羽 1w**
摩耗・褪色の進んだ個体。大きな胴体に比べて初列風切が短小に見える。2012年3月12日 千葉県 MU

亜種アラスカシロカモメ *barrovianus* **第1回冬羽 1w** アイスランドカモメに似るが、嘴や附蹠の長さ、翼の長さはそこまで顕著でない。2012年2月13日 千葉県 MU

亜種シロカモメ *pallidissimus* **第1回冬羽 1w** セグロカモメより大きめで、がっしりとした体格。頭部が前後に長くて翼が短い。2016年3月15日 千葉県 MU

亜種アラスカシロカモメ *barrovianus* **第1回冬羽 1w** かなり翼の長い個体。現場での比較でも体格や附蹠、嘴の長さはセグロカモメ程度。2012年3月12日 千葉県 MU

亜種シロカモメ *pallidissimus* **第1回冬羽 1w** 羽色の濃い個体。時期の割に摩耗・褪色もあまり進んでいない。2018年2月13日 千葉県 MU

亜種アラスカシロカモメ *barrovianus* **第1回冬羽 1w** 嘴の黒と肉色の境界が不明瞭な個体がしばしば見られる。アイスランドカモメにしては嘴が長い。2009年12月28日 千葉県 MU

種アラスカシロカモメ *barrovianus* 第1回冬羽
1w 比較的褪色が進んだ個体。亜種シロカモメほど頭部が長い印象がなく、やや眼が大きめに見える。2016年2月16日 千葉県　MU

亜種シロカモメ *pallidissimus* 第1回冬羽 1w　上背や肩羽の暗色部は換羽済みの新羽。夏にはこれが雨覆にも及び、周囲の褪色した幼羽との対比で目立つが、オオセグロカモメと異なり、外側初列風切は暗色でないことに注意。2019年3月18日　千葉県　MU

種アラスカシロカモメ *barrovianus* 第1回冬羽
1w 摩耗・褪色の進行は個体差がある。上の個体より撮影時期が遅いが、羽毛が新鮮で模様もよく保っている。2016年3月15日 千葉県　MU

亜種シロカモメ *pallidissimus* 第1回冬羽 1w　飛翔時も翼から前の頭部と嘴の突出が長く見えることが多い。2016年2月16日　千葉県　MU

アイスランドカモメ

Larus glaucoides
Iceland Gull

■亜種クムリーンカモメ 繁殖　■亜種アイスランドカモメ 繁殖
■亜種クムリーンカモメ 越冬　■亜種アイスランドカモメ 越冬

■**大きさ**　全長52〜60cm、翼開長125〜145cm（2亜種を含む）。

亜種クムリーンカモメ
L. g. kumlieni　Kumlien's Gull

■**分類**　IOC World Bird List v9.2ではアイスランドカモメ *L. glaucoides* の一亜種とされ、本書もこれに従ったが、亜種カナダカモメと亜種アイスランドカモメの中間的で連続的な羽色などから、交雑個体群として扱われる場合もある。■**分布・生息環境・習性**　主にカナダ北部のバフィン島で繁殖し、北米東部で越冬する。カナダ東端のニューファンドランドが既知の最大の越冬地。日本では本州中部以北の漁港などで稀に観察され、カナダカモメより遥かに少ない。ただしカナダカモメとの中間的な個体もしばしば観察され、正確な渡来数の把握は難しい。■**鳴き声**　カナダカモメに似てより甲高い、キューイーキューイーキューイーと聞こえる声で長鳴きをする。セグロカモメほど速く小刻みにならず、ゆっくり伸ばして鳴く。■**特徴**　セグロカモメより小柄で頭が丸みを帯び、足と嘴が華奢で短く、背が低い。翼は長めで、尾端からの突出は嘴峰長より長い。飛翔時も翼が細長い割に、頭と嘴の前方への突出が短く見えることが多い。以上の特徴はほぼ亜種カナダカモメと共通だが、より顕著な個体が多い。ただし個体差や性差、観察状況によっても印象が変化し、緊張時や温暖な場所では足や嘴が長めに見えることがあるので、可能であれば極力周囲の他種との直接比較も含めて判断するとよい。シロカモメ×セグロカモメなどの雑種はしばしば羽色が酷似するため注意が必要だが、これらの雑種ではほぼセグロカモメと同様の体格・体型で、嘴が大きく眼が小さい、翼の突出が短い、成鳥では眼瞼が黄〜橙系といった点を総合して判断する。

■**成鳥**　羽色はカナダカモメに似るがより淡色傾向で、背の灰色もKGS：3-4（5）と淡い。初列風切は亜種アイスランドカモメのように暗色斑がなく白いものから、カナダカモメに近いものまで連続的で、この両極付近のものについては厳密な線引きは困難。P10〜P6まで5枚に暗灰色の斑紋があるものが半数以上を占める。その多くは暗色の斑紋はカナダカモメより明らかに灰色がかり、P10先端はサブターミナルバンドがなく、P9のミラーは内弁・外弁にまたがる。虹彩は暗色から淡色まで個体差が大きく、眼瞼はピンク〜赤紫。

夏羽　頭部は純白。嘴は鮮やかな黄色。
冬羽　頭部から胸の斑の量は個体差が大きいが、亜種カナダカモメより少なく、亜種アイスランドカモメより多い傾向。

■**第3回冬羽**　成鳥に似るが、嘴の色が鈍くて大きな黒色部があり、雨覆や尾羽などに褐色部が残る。成鳥に近いものから第2回冬羽に似るものまで個体差が大きいが、内側初列風切は成鳥に似た青灰色と白帯のパターン。

■**第2回冬羽**　上背から肩羽に広く青灰色

が出る個体から、ほぼ出ない個体まで様々。雨覆などの模様は第1回冬羽より不規則に波打ったり、不鮮明に潰れたりする傾向。開いた初列風切外弁に出る明瞭な暗色のバーが4本以下であれば本亜種の可能性が高いが（カナダカモメでは5本以上）、個体や状況により5本に見えることもあるので、濃淡も含めて判断するとよい。
■**第1回冬羽**　羽色は個体差が極めて大きい。暗色の個体はカナダカモメより淡色で、初列風切各羽の羽縁が太く明瞭で、飛翔時に次列風切も明瞭な暗色帯にならな

い。三列風切や肩羽などら白色部が多く、暗色の斑紋は狭い傾向。淡色の個体は全体に斑紋が小さくて白っぽく、亜種アイスランドカモメに酷似する。嘴は亜種アイスランドカモメに比べて基部の肉色部の発達が遅く、全体に黒っぽく見える個体が多い。時にワシカモメの小型個体やシロカモメ×ワシカモメが一見酷似することがあるので注意が必要だが、本亜種の方が小柄で背が低く、嘴と足が華奢で短い、翼の突出が長いなどの傾向を総合して判断する。

成鳥冬羽（左）ad. w (left)
右のセグロカモメに比べて頭と嘴が明らかに小さく、またその割に翼は長く見える。2013年3月24日　東京都　MJ

亜種アイスランドカモメ
L. g. glaucoides　Iceland Gull

■**分布・生息環境・習性**　グリーンランドの主に南西部の沿岸で繁殖。多くが冬も周辺海域に留まり、一部はアイスランドへ渡り越冬。少数がヨーロッパ各地で越冬する。日本では本亜種と考えられる観察例が数例あるが、亜種クムリーンカモメの淡色個体との厳密な区別が難しい面もあり、今後も知見の蓄積を要する。■**鳴き声**　亜種クムリーンカモメに似た、キュイーキュイーという高い声を出す。■**特徴**　頭が丸く嘴が短小で、相対的に眼が大きく見える。翼が長く、尾端からの突出は嘴峰長を超え、全体に中型カモメ的な印象を受ける。これらの特徴が3亜種中最も顕著で、羽色が似るシロカモメとは最もかけ離れている。ただし雄と思われる大型の個体ではそこまで極端ではない場合もあり、特に緊張時などは一見わかりにくいこともあるので、状況も考慮した観察が必要。

■**成鳥**　亜種クムリーンカモメに似るが、初列風切に暗灰色の斑紋はなく白い。虹彩は黄白色で、少量の暗色斑が入るものもいる。眼瞼はピンク～赤。背の灰色はKGS：(2)3-4と淡い傾向。

夏羽　頭は純白。嘴は鮮やかな黄色。

冬羽　頭から胸に様々な程度に斑が出るが、亜種クムリーンカモメより少ない傾向。

■**第2回冬羽～第3回冬羽**　年齢に伴う羽色（風切を除く）の変化は他の亜種に準ずる。

■**第1回冬羽**　羽色はシロカモメに酷似する。嘴は亜種クムリーンカモメより早くから基部のピンクが広がる傾向があるが、冬の間はシロカモメほど先端の黒と明瞭に区切られないことが多い。

■**幼羽**　幼羽の嘴はほぼ基部近くまで黒い。羽色は個体差があり、かなり全体に色の濃い個体もいるが、外側初列風切は淡色で、内側初列風切に比べて濃く見えない。

亜種クムリーンカモメ *Larus glaucoides kumlieni*

成鳥冬羽 ad. w 初列風切はP10〜P6まで5枚に灰色の斑紋があり、白色部もかなり多くてわかりやすいパターンの個体。セグロカモメの群中では明らかに小さくて一段背が低く、大きな眼と小さな嘴、短い跗蹠、赤みがかったピンクの眼瞼など、典型的な特徴を兼ね備えていた。2004年2月13日 千葉県 渡辺義昭

成鳥（第7回）冬羽 ad.(7)w 個体A
第1回冬羽から継続観察された個体。初列風切の暗灰色の斑紋はP10〜P6まで5枚。P10にサブターミナルバンドがなく、P9のミラーは巨大で外弁にも及ぶ。P6の斑紋はかなり細くて内弁と外弁に分かれている。翼の尾端からの突出は嘴峰長を明らかに超えている。2018年3月3日(上)、2月24日(下2点) 東京都　MU

151

亜種クムリーンカモメ

成鳥（第6回）冬羽 ad.（6）w 個体A　羽毛が立っている状態では頭は極めて丸味が強く、嘴もより短くえる。2017年2月22日　東京都　MU

成鳥（第6回）冬羽 ad.（6）w 個体A　観察角度等にもよるが、飛翔時はセグロカモメなどに比べ、嘴の方への突き出しが小さめな割に、翼は細長く見えることが多い。2017年3月12日（左）、3月30日（右東京都　MU

成鳥（第6回）冬羽 ad.（6）w 個体
後方はセグロカモメ。水浴びによる羽の乱れで頭の形が崩れているが、嘴とのサイズのバランスに注意すると、本の方が嘴が小さいわりに眼が大きいがわかる。シロカモメやワシカモメと比較でも同様。眼瞼はセグロカモメ赤色、本種はピンク。2017年3月9東京都　MU

亜種クムリーンカモメ

第4回冬羽 4w 個体A 成鳥に似るが嘴に大きめの黒斑があり、初列風切は暗色部が褐色味を帯び、白斑は小さい。後方の2羽のセグロカモメと比べて嘴がかなり短小であることがわかる。2015年2月25日 東京都 MU

第3回冬羽 3w 個体B 継続観察から年齢は第3回冬羽だが、すでに雨覆に褐色部がなく、かなり成鳥に近い羽色を獲得している。2018年3月3日 東京都 MU

第3回冬羽 3w 個体B 初列風切のパターンは一見亜種カナダカモメ成鳥に似るが、暗色部はより灰色味が強く、P10にサブターミナルバンドがなく、P9のミラーも外弁に及んでいる。同年齢の亜種カナダカモメではこれより暗色部が多く、むしろ一見ややセグロカモメに似たパターンに見える個体も多い。2018年3月10日 東京都 MU

153

亜種クムリーンカモメ

第3回冬羽 3w 温暖な3月末の撮影で、なおかつ活発に活動していることもあって、全身の羽毛を寝かせていてスリムな印象に見えるが、眼が大きく嘴が小さい、跗蹠が短い、翼が長いといった特徴がよく表れている。初列風切のパターンはカナダカモメ成鳥に似るが、第3回冬羽の割には白色部がかなり大きく、暗色部も黒く見えず灰色。2009年3月30日 千葉県　MU

同上。オオセグロカモメ第1回冬羽（右）との比較。本種の方が頭部と嘴が小さい割に翼が長いため、全体を一瞥した時のバランスの印象が異なる。2009年3月30日 千葉県　MU

第3回冬羽 3w 個体A この個体は成鳥的な特徴の発現が遅く、一見第2回冬羽に近い羽色に見える。しかし右の写真のように内側初列風切は青灰色で先端が白い、ほぼ成鳥と同様のパターンが出ている。初列風切と尾羽の暗色部はカナダカモメより明らかに淡い灰褐色。飛翔時は周囲のセグロカモメより小柄で翼が長く尖った印象が目に付いた。2014年3月24日　東京都　MU

亜種クムリーンカモメ

第2回冬羽 2w　頭が丸く、嘴と足が短くて翼が長い、典型的な体型。初列風切外弁のストライプ状パターンはP10〜P7の4枚。2005年3月5日　北海道　渡辺義昭

第2回冬羽 2w　後方のオオセグロカモメに比べて明らかに小さく、嘴も小さく華奢。初列風切外弁のストライプ状パターンはP10〜P7の4枚で、P7のものはかなり細い。2002年3月25日　千葉県　OU

第2回冬羽 2w 個体A　セグロカモメより小柄で嘴が小さく、全身がカナダカモメより淡い灰褐色に見える。初列風切外弁の明瞭なストライプ状パターンはP10〜P7の4枚。2013年3月22日（上）、3月29日（下と右）東京都　MU

155

亜種クムリーンカモメ

第1回冬羽 1w 春季で摩耗褪色が進んでいるが、同時期のカナダカモメより明らかに白っぽい。初列風切は幅広い淡色羽縁がある。頭の割に胴回りが小さく、尾端からの初列風切の突出は嘴峰長より明瞭に長い。2009年3月30日 千葉県　MU

第1回冬羽 1w 上と同一個体。初列風切外弁のストライプ状パターンはP10～P7までの4枚。亜種カナダカモメでは、褪色の進んだ個体でも、外側初列風切、次列風切、尾羽は他の部分との対比上これより暗色で目立つ。2009年3月30日 千葉県　MU

第1回冬羽 1w 上と同一個体。左のオオセグロカモメ、右のセグロカモメと比べて明らかに小さくて嘴も跗蹠が短く、一段背が低く見える。2009年3月27日 千葉県　MU

第1回冬羽 1w 左2羽はオオセグロカモメ。撮影地が離れていることもあり確証はないが、個体Aと同一の可能性もある。2012年1月17日 千葉県　MU

亜種アイスランドカモメ *Larus glaucoides glaucoides*

(推定) 亜種アイスランドカモメ
Presumed race *glaucoides* 第2回夏羽 2s
極度に摩耗褪色が進んでいるため、本来の正確な羽色の検証が困難だが、初列風切が白色で尾端からの突出が大きく、嘴もかなり小さいことなどから、亜種*glaucoides*の可能性が十分ある個体。周囲のセグロカモメ・オオセグロカモメと比べて目立って小さい。2008年4月27日 北海道 先崎啓究

(推定) 亜種アイスランドカモメ
Presumed race *glaucoides*
第1回冬羽 1w
嘴が非常に短く、足も短いのに対して、翼の長さが目立つ。初列風切の尾端からの突出は嘴峰長より遥かに長い。初列風切は重なりの乱れにより見えている褐色部を除くと各羽先は白く、嘴基部の肉色が目立つなど、亜種*glaucoides*に合致する特徴を備えている。周囲の大型カモメ類に比べてサイズもかなり小さかった。2004年2月6日 千葉県 MU

アイスランドカモメ

Larus glaucoides
Iceland Gull

亜種カナダカモメ

Larus glaucoides thayeri
Thayer's Gull

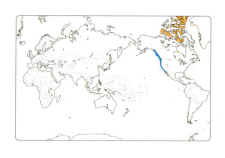

■**大きさ** 全長57〜64cm、翼開長137〜148cm。■**分類** 本書ではIOC World Bird List v9.2に従い、アイスランドカモメ *L. glaucoides* の一亜種として扱ったが、独立種として扱われる場合もある。■**分布・生息環境・習性** カナダの北極諸島（バフィン島東部などを除く）と、ごく一部はグリーンランドの北西部で繁殖し、主にカナダのブリティシュコロンビア州からアメリカのカリフォルニア州の沿岸、また少数が五大湖周辺で越冬。日本では主に本州中部以北に少数が渡来し、漁港や海岸でセグロカモメなどと共に越冬する。千葉県では2010年前後には1日に十数羽から数十羽観察されることが珍しくなかったが、近年再びやや減少傾向にある。■**鳴き声** クオークオークオーやクイークイークイーと聞こえる声で長鳴きをする。声質が濁らずに各音を長く伸ばす点ではセグロカモメよりオオセグロカモメに近いが、それよりやや高めの傾向。亜種クムリーンカモメほど甲高くない。■**特徴** セグロカモメより一回り小さめで、嘴と足が短く華奢で背が低く、翼はやや長めの傾向。頭は丸みを帯び、嘴との対比で眼が大きく見えることが大きい。ただし性差と個体差があり、雌の可能性が高い小型の個体ではセグロカモメとの差が顕著で亜種アイスランドカモメに似た体型。逆に雄と思われる大型の個体ではセグロカモメに接近または重複する場合がある。また緊張時や活動時には頭が平らになり、相対的に嘴が大きく見えて印象が大きく変わり、足も腹部の羽毛を寝かせることで裸出が長く見えることがあるので、状況を考慮に入れながら、可能であれば周囲のセグロカモメ等との直接比較で体格・体型を把握するとよい。亜種クムリーンカモメとの間には中間的な個体が連続的に見られ、明確な線引きは困難。

■**成鳥** 羽色は一見セグロカモメによく似るが、背の灰色はKGS：4.5-6とやや淡く、シロカモメより濃い。初列風切はセグロカモメより黒色部が少なく、上面は開くと内弁が淡色でストライプ状のパターンに見える。特にP9はミラーと内弁の淡色部がつながり、白色部が勾玉型のパターンを呈する。翼下面は各羽の先端付近やP10またはP9の一部を除いてほぼ一様に淡色に見え、セグロカモメの群に混じって飛んでいてもかなり目立つ。黒色部のある初列風切は6枚の個体が多く、他に5枚や稀に7枚の個体もいる。5枚の個体では亜種クムリーンカモメとの線引きが難しい場合がある。初列風切の換羽はセグロカモメより早く、12月には完了していることが多い。虹彩は暗色から淡色まで個体差が大きい。眼瞼はピンク〜赤紫で、橙〜赤のセグロカモメとの区別に役立つ。足は濃いピンク。

夏羽 頭部は純白で嘴は鮮やかな黄色。日本で見る機会は少ない。

冬羽 頭から胸にかけて灰褐色の斑が出るが、セグロカモメのような強い縦斑ではなく、モヤモヤとしたソフトな斑で、背の灰色がやや淡いことと併せて、セグロカモメ

の群中から発見する際の良い手がかりになる。ただし比較的セグロカモメに近い質のものから、ワシカモメに近い極めて一様なものまで、ある程度の個体差もある。

■**第4回冬羽** 嘴の色が鈍くて大きな黒斑があり、胸の褐色斑が腹まで広がるなど、若い特徴が多く残るものから、ほとんど成鳥と区別がつかないものまで個体差がある。

■**第3回冬羽** 成鳥に似るが、嘴の色が鈍くて先端近くが黒く、雨覆や尾羽などに褐色部が残る。成鳥に近いものから第2回冬羽に似るものまで個体差があるが、内側初列風切は成鳥に似た青灰色と白帯のパターン。ミラーが未発達なことも手伝って、初列風切の暗色部が多めの個体では上面のパターンがセグロカモメに接近することがあるが、下面は淡色で飛翔時に目立つ。

■**第2回冬羽** 上背から肩羽に青灰色が出るが範囲は個体により様々で、雨覆まで及ぶものでは一見第3回冬羽に似るが、内側初列風切は成鳥のような青灰色と白帯のパターンにならない。第1回冬羽と比べると雨覆などの模様が不規則に波打ったり不鮮明に潰れたりする傾向が強い。セグロカモメに比べて、後頸から腹の一様な灰褐色に対して、背の青灰色の淡さが目立つことが多い。初列風切上面は暗色傾向の個体ではセグロカモメにかなり接近することもあるが、下面は淡色で飛翔時に目立つ。

■**第1回夏羽** 換羽・摩耗・褪色が遅いこともあり、日本で見る機会は少ない。摩耗・褪色が進んで全体に白っぽく見え、同じ状態のオオセグロカモメに似ることがあるが、本種の方が褐色味が弱くて灰色味がやや強いことと、小柄で翼が長めで、足や嘴が華奢で短い体型などを総合して判断する。また亜種クムリーンカモメやワシカモメに比べて、褪色が進んでも外側初列風切、次列風切、尾羽が他の部位に比べてより暗色で目立つ。

■**第1回冬羽** 幼羽の摩耗が進み、上背から肩羽が新羽に換羽するが、換羽の範囲は個体差があり、あまり換羽が進まないまま摩耗するものも多い。他種との識別は幼羽に準ずる。

■**幼羽** 全体に灰褐色で、初列風切はセグロカモメほど黒くない暗褐色または灰褐色で淡色の羽縁があることが多い。初列風切下面は淡色。全体にセグロカモメより羽色が一様で、胸から腹もベッタリと一様に見える傾向。ただし濃淡の個体差はかなりあり、暗色の個体はアメリカセグロカモメの初列風切をやや淡くしたような羽色に見え、淡色の個体は亜種クムリーンカモメの暗色の個体との線引きが困難な場合がある。またオオセグロカモメの小型個体が酷似する場合があり注意が必要だが、本亜種の方が嘴や足が華奢に見え、羽色はより一様な灰褐色で、換羽・摩耗が遅いことも手伝って、濃淡の色ムラが少なく整った印象を遅くまで保持する傾向がある。

亜種カナダカモメ

亜種カナダカモメ（左） *L. g. thayeri* (left)、**セグロカモメ（右）** *L. vegae vegae* (right)
頭の斑の質の違いに注意。ただし個体差により、両種の差はこれより開くことも縮むこともある。

亜種カナダカモメ

成鳥冬羽 ad. w 個体A　セグロカモメに比べて頭の割に胴回りが小さい。嘴は短小で、足も細めで短い。頭の斑は柔らかくモヤモヤしており、背の灰色はやや淡い。初列風切P10の下面が白っぽいことがわかる。2017年1月17日　千葉県　MU

眼瞼は紫味を帯びたピンクで、橙〜赤のセグロカモメとの区別に役立つ。

初列風切の暗色の斑紋は僅かに灰色味を帯び、内弁が淡色なためストライプ状に見える。特にP9のミラーと内弁基部の淡色部がつながった勾玉状のパターンは重要な特徴。以上3点同一個体。2017年1月17日　千葉県　MU

鳥冬羽 ad. w（中央）　周囲のセグロカモメに比べて、頭が丸くて嘴が小さい、足が短く背が低い、背のがやや淡い、頭〜胸の斑がモヤモヤしている、といった特徴がよく出ている。ただし体格には性差と個体差がかなりあり、雄の可能性が高い大型の個体ではここまで顕著な差が出ないことも多い。2018年12月　日　千葉県　MU

亜種カナダカモメ

成鳥冬羽 ad. w 初列風切の暗色部がやや多めの個体。P9の暗色部は比較的太く、翼先の開きが小さい 態では、一見ややセグロカモメに似たパターンに見える。P10の下面もミラーより基部側に広い灰黒色 がある。頭から胸の一様な斑、淡い背の灰色などは典型的。2009年2月28日　千葉県　MU

成鳥冬羽 ad. w 初列風切の暗色 が多く、パターンが最もセグロカ メに接近している例だが、各羽の 色部は真黒ではなく、特に内弁で や灰色がかっている。P9のミラ はほぼ孤立しているものの、内弁 淡色部が細く伸びてミラーに近接 ていることがわかる。セグロカモ の群中では、背の色の淡さとソフ な胸側の斑が目に付き、眼瞼は紫 かったピンクだった。2月26日　 京都　MU

成鳥冬羽 ad. w　P10のサブターミナルバンドが微細で、P9のミラーが大きく外弁にまたがる点は亜種 ムリーンカモメにも似る個体だが、暗色部はP5まで6枚にある。体型や頭から胸の斑の量なども併せ、 合的には亜種カナダカモメと見るのが妥当。2016年2月16日（左）、3月15日（右）千葉県　MU

亜種カナダカモメ

鳥冬羽 ad. w（亜種クムリーンカモメとの中間個体？） 初列風切の暗色部がほぼ5枚しかない個体で、羽先端の白斑も大きく、P10のサブターミナルバンドもほぼない。かなり亜種クムリーンカモメに近い、P9のミラーは内弁に限られ、かなり小さい。またP5内弁に微細な暗灰色の線があった。2012年1月 日 千葉県　MU

4回冬羽 4w 年齢識別は継続観察による。一見ほぼ成鳥と区別がつかないが、外側初列風切は僅かに褐がかり、初列雨覆の最外側羽の軸斑も褐色。P9のミラーも小さめ。個体差も大きく、もっと若い特徴が残るものもいる。2018年3月6日　千葉県　MU

第3回冬羽 3w 個体A 初列雨覆や小翼羽に褐色部があり、尾羽に破線状の黒斑がある。嘴の黒色部はこほど広範囲には残らない個体の方が多い。足が短く重心が低い典型的な体型。2008年2月15日　千葉県 MU

亜種カナダカモメ

第3回冬羽 3w 三列風切や大雨覆に褐色部がある。初列風切はこの年齢ではまだミラーの発達が弱く、体や光線状態等によってはセグロカモメに似たパターンに見えることがあるが、同条件での比較では黒味弱く、また下面が淡色な点は飛翔時によく目立つ。2014年2月21日 千葉県 MU

第2回冬羽 2w 背の青灰色が雨覆や三列風切にも及び、一見第3回冬羽にも似る個体だが、内側初列風が成鳥のようなパターンになっていないことと、尾羽の広範囲が灰褐色である点に注意。2010年3月3 千葉県 MU

第2回冬羽 2w 標準的な第2回冬羽で、上背と肩羽が青灰色。初列風切は内弁が淡色なため、飛翔時は止時の印象より淡く見える。セグロカモメより華奢な嘴に対して目が大きめに見える。2019年1月14 千葉県 MU

亜種カナダカモメ

第2回冬羽 2w 左後方の同年齢のセグロカモメ（または"タイミルセグロカモメ"？）に比べ、背の灰色が淡い、胸側から腹の灰褐色がソフトで一様、初列風切の黒味が弱い、嘴が細く華奢、といった多数の相違から、全体の印象がかなり異なっている。2013年3月4日 千葉県　MU

第2回冬羽 2w 背の青灰色があまり出ていない個体。第1冬羽より模様が不規則で潰れたような部分が多い。やや大きめで♂の可能性がある。2013年3月4日 千葉県　MU

第2回冬羽 2w 初列風切上面の暗色部の多い個体だが、下面はセグロカモメより淡色。2018年3月6日 千葉県　MU

第1回冬羽→夏羽 1w→1s 摩耗・褪色が進んだ個体。換羽・摩耗・褪色は遅い傾向で、ここまで進んだ個体を国内で見る機会は少ない。全体が褪色しても、外側初列風切・次列風切・尾羽の暗色部はクムリーンカモメより広めでよく残り目立つ。同時期に羽色が似るオオセグロカモメに比べ、嘴や足が華奢な割に眼が大きめに見える。2016年3月15日 千葉県　MU

亜種カナダカモメ

第1回冬羽→夏羽
1w→1s (left)
前項最下と同一個体(左)とオオセグロカモメ(右)。明らかに一回り小柄で、に嘴が細く華奢に見える。全体の色合いは、現場で周囲のオオセグロカモメり褐色味が乏しく、異質見えた。3月15日 千葉 MU

第1回冬羽 1w　上背から肩羽を広範囲に換羽した個体。胸側と脇の一部も換羽している。雨覆や風切は幼羽一方であまり換羽が進まないまま摩耗する個体も多い。淡色の初列風切下面に注意。2019年2月12日 葉県　MU

第1回冬羽（亜種クムリーンカモメとの中間個体？）1w　淡色の個体。初列風切各羽先端の淡色羽縁引く明瞭。肩羽や三列風切も淡色部が広い。亜種クムリーンカモメの暗色の個体とは連続的で、明確な線引は困難。上背と肩羽上部、胸側などが換羽している。2012年1月30日 千葉県　MU

亜種カナダカモメ

羽 juv. 顕著に小柄でわかりやすい個体。嘴が小さくて頭が丸く、翼が長い。初列風切は亜種クムリーンカモメより濃いが、セグロカモメほど黒く見えず、各羽先端に淡色の羽縁があり、飛翔時は内弁が淡色に見える。2017年2月28日 千葉県 MU

羽 juv. 奥はセグロカモメ。大きめの個体ではサイズがセグロカモメと重複する。頭から胸、腹まで一様な灰褐色で、初列風切、三列風切はセグロカモメより黒味が弱く、体上面の模様も含めて全体にコントラストが弱いことがわかる。2017年1月17日 千葉県 MU

羽→第1回冬羽 juv.→1w かなり小さな個体で、右の写真ではオオセグロカモメに比べて二回りほど小さい。ほぼ幼羽だが、肩羽上部が数枚換羽している。2012年2月28日 千葉県 MU

カリフォルニアカモメ

Larus californicus
California Gull

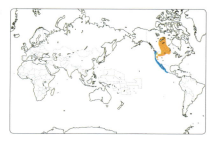

■**大きさ** 全長45～51cm、翼開長122～140cm。■**分布・生息環境・習性** 北米大陸西部の内陸部の湖沼で繁殖。カナダのブリティシュコロンビア州からメキシコ南部に至る太平洋岸で越冬する。アメリカオオセグロカモメ *L.occidentalis* と共にアメリカ西海岸各地で普通に見られ、都市公園で人が与える餌や生ゴミ等もよく利用している。日本では1992年12月に千葉県で第1回冬羽の観察例がある。■**亜種** *californicus* と *albertaensis* の2亜種が知られる。亜種 *californicus* はアメリカ西部のグレートベースンを中心に繁殖。亜種 *albertaensis* はさらに内陸のアメリカとカナダにまたがるグレートプレーンズの北部地域で繁殖。■**鳴き声** セグロカモメより濁ったクイークイーギャギャギャギャなどと聞こえる声で長鳴きをし、やや木がきしむような音質に聞こえる。アウーというウミネコに似てよりかすれた声も出す。

■**特徴** 大きさ、体型、顔つきから受ける印象は大型カモメと中型カモメの中間的だが、頭が小さい割に体と翼が長く、足は短めで、独特のバランスに見えることが多い。嘴は大型カモメとしては華奢で、上嘴は比較的先端寄りまで直線的でそこから急なカーブを描いて落ち、下嘴角はあまり目立たない傾向。亜種 *californicus* は小さめで印象がより中型カモメ的な傾向だが、*albertaensis* は大きめで、頭が前後に長くセグロカモメ寄りの印象の個体が多い。しかし個体差と性差もあるため亜種の正確な識別は難しいことが多い。

■**成鳥** 背の灰色は概ねセグロカモメ程度で、亜種 *californicus* はやや濃いめ（KGS：6-7.5）、亜種 *albertaensis* はやや淡め（KGS：5-6.5）の傾向。嘴は黄色で赤と黒の斑がある。初列風切のパターンはセグロカモメに似て6～7枚に黒色部があり、ミラーが2個あるが、黒色部は各羽の基部の方へ長く伸び、面積が広く見えることが多い。P10のサブターミナルバンドは細いか不完全、またはないため、ミラーは先端の白斑と融合する傾向がある。特に亜種 *albertaensis* は全体に翼の白色部が多め・黒色部が少なめで、この傾向が強い。P9のミラーも *albertaensis* の方が大きめで内弁・外弁を幅広く覆うことが多く、P5の黒いサブターミナルバンドも狭い個体や2つに割れる個体がよく見られる。しかし個体差もかなりあり、亜種の識別はかなり難しい。虹彩は暗褐色で、稀に淡色の個体もいる。眼瞼は赤いが黄橙色に見える個体もいる。足は灰緑色～黄色。

夏羽 頭は純白。嘴は鮮やかな黄色で、黒斑は冬より縮小傾向。足も冬より黄色味が強い。

冬羽 嘴の黒斑は太くて上嘴・下嘴にまたがる帯状の個体が多く、足は灰緑色。頭から胸に褐色斑が出るが、亜種 *californicus* の方が細く少なめで、範囲も後頸から側頸に偏る個体が多い。亜種 *albertaensis* では頭から胸を広く覆うように斑が出て、質もアメリカセグロカモメのようにソフトで

一様な傾向がある。

■**第3回冬羽** 成鳥に似るが、嘴の色が鈍くて赤斑の発達が弱く、雨覆や次列風切、尾羽などに黒褐色部が残る。他の大型カモメ類に比べて比較的成鳥に近い羽色になる個体が多い。

■**第2回冬羽** 上背と肩羽に青灰色が出る。これがさらに雨覆の広範囲にも広がり、静止時は第3回冬羽に酷似する個体もいるが、翼を開くと内側初列風切は成鳥に似た青灰色と白帯のパターンではなく、次列風切や尾羽の暗色帯もより広い。大雨覆は暗色帯を形成する。嘴と足は青味や緑色味を帯びた灰色で、足指などに部分的に肉色味を帯びることも多い。

■**第1回冬羽** 他の多くの大型カモメより嘴基部の肉色部が広がるのが早く、10月頃にすでにウミネコのように先端の黒と基部の肉色が明瞭に分かれたパターンを獲得している個体が多いが、一部遅いものでは11〜12月頃まで基部に不規則な黒色部を残していることもある。上背から肩羽の換羽もセグロカモメなどより早く、10月頃に肩羽の広範囲を換羽し、雨覆の幼羽も摩耗している個体が多いが、時に12月頃まで新鮮な幼羽を保つ個体もいる。嘴のパターンと暗褐色の羽色などから、ウミネコにも多少似るが、体がより長大で、模様がより複雑で雨覆に横斑が多く、後頭や側頸が縦斑になる点などもより大型カモメ的。

■**幼羽** 嘴はほぼ全体的に黒い。ほぼ全身暗褐色で雨覆などは横斑があり、羽色・模様はアメリカセグロカモメに近いが、個体差もかなりあり、体下面が広範囲に淡色で橙色味を帯び、雨覆などの淡色部も広い個体もいる。翼を開くと大雨覆が暗色帯を形成し、内側初列風切のウィンドウはないか狭く不明瞭。尾羽は暗色帯が幅広く、外側数枚の基部に白い横縞がある程度。

カリフォルニアカモメ

成鳥冬羽 ad. w（推定）亜種 *californicus* Presumed *californicus*
頭が小さい割に翼が長い特徴が顕著に表れている。2015年1月15日 California USA　MU

カリフォルニアカモメ

成鳥冬羽 ad. w
(推定) 亜種 *californicus*
Presumed *californicus*

頭が小さくて体と翼が長く、足が タ
い。嘴に赤と黒の斑があり、足は灰
色。頭が丸くて嘴が小さく、中型カ
メ的な印象などから亜種 *californicu*
の可能性が高い。ただし性差と個
差もあるので亜種の正確な識別は
しいことが多い。2015年1月18
California USA　MU

成鳥冬羽 ad. w
(推定) 亜種 *albertaensis*
Presumed *albertaensis*

サイズが大きめで頭と嘴が前後に
く、セグロカモメ的な印象から、亜
albertaensis の可能性がある。201
年1月15日 California USA　MU

成鳥冬羽 ad. w
亜種 *albertaensis*

初列風切は換羽中で、旧羽が脱落し
短く見えることも手伝って、かなり
グロカモメ的に見えるが、足は灰緑色
撮影地からも亜種 *albertaensis* と
えられる。2017年9月3日 Albert
Canada　OU

カリフォルニアカモメ

成鳥冬羽 ad. w　初列風切のパターンは概ねセグロカモメに似るが、黒の面積はやや広めの傾向で、P10のサブターミナルバンドは細いか不完全な傾向。右の個体はP4に黒斑がある。2015年1月18日 California USA　MU

成鳥冬羽 ad. w　左右別個体。右の個体はP10にサブターミナルバンドがなく、ミラーから先が全て白い。亜種 *albertaensis* はこのパターンの個体の割合が高い。2015年1月18日 California USA　MU

175

カリフォルニアカモメ

第3回冬羽 3w
嘴は鈍い灰緑色で黒帯があ(る)
個体差はあるが、比較的成(鳥)
に近い羽色になる個体が多い
2015年1月15日 California
USA MU

第3回冬羽 3w 尾羽に不完全な黒帯がある。内側初列風切は青灰色と白帯の成鳥に似たパターン。201(5)
年1月18日 California USA MU

第2回冬羽 2w 左右同一個体。青灰色が肩羽から雨覆の広範囲に及び、静止時は第3回冬羽に似る個体だ(が)
内側初列風切は褐色で、尾羽も大半が黒い。2015年1月15日 California USA MU

カリフォルニアカモメ

第2回冬羽 2w
顔から腹が白っぽい個体。嘴と足は青緑色を帯びた灰色で、大雨覆は暗色帯を形成している。2015年1月15日 California USA MU

第2回冬羽 2w
胸から腹が暗色の個体。後頸などの一様な灰褐色と背の青灰色の組み合わせは、アメリカセグロカモメやカナダカモメと共通だが、体つきは華奢でより中型カモメ的。嘴は上辺と下辺が平行で形状はウミネコに近い。2015年1月15日 California USA MU

第2回冬羽 2w
内側初列風切の淡色のウィンドウは不明瞭で、大雨覆は暗色帯を形成し、翼上面はセグロカモメより暗色に見える。尾羽はこれより基部まで暗色な個体も多い。2015年1月18日 California USA MU

カリフォルニアカモメ

第1回冬羽 1w
黒と肉色の2色に明瞭に分かれた嘴と中型カモメ的な体格はウミネコ第1回冬羽にも似るが、肩羽や雨覆の模様は横斑が多く入り、大型カモメ的。この個体は雨覆の一部まで換羽が及んでいる。2015年1月18日 California USA MU

第1回冬羽 1w
首を伸ばすと頭の割に体と翼が長い体型が強調される。2015年1月15日 California USA MU

第1回冬羽 1w
換羽と摩耗はセグロカモメより早い傾向。この個体は雨覆がかなり摩耗している。2015年1月15日 California USA MU

第1回冬羽 1w
左のオオセグロカモメよりかなり小さく、頭が小さくて体と翼が長い。嘴も華奢で基部が肉色。大雨覆は暗色帯を形成している。肩羽の広範囲を換羽済みで、雨覆はかなり摩耗が進んでいた。1992年12月3日 千葉県 MU

カリフォルニアカモメ

幼羽 juv. 亜種 *albertaensis*
頭が小さく、体と翼が長い体型がよくわかる。大雨覆は暗色帯を形成している。嘴の黒と肉色はまだ明瞭に分かれていない。亜種の推定は撮影地による。2017年9月4日 Alberta Canada OU

幼羽 juv. 亜種 *albertaensis*
嘴は初期は下嘴基部を除いて全体的に黒い。背後の個体はクロワカモメ幼羽。2017年9月2日 Alberta Canada OU

幼羽 juv. 亜種 *albertaensis*
尾羽はほぼ基部近くまで暗色で、大雨覆は暗色帯を形成、内側初列風切の淡色のウィンドウは不明瞭。2017年9月2日 Alberta Canada OU

大型カモメ類の雑種・色彩異常

シロカモメ×セグロカモメ
Larus hyperboreus × *L.vegae*

成鳥冬羽 ad. w

大型カモメ類の群中で少数見つかる。羽色はカナダカモメやクムリーンカモメに似るが、体格・体型はセグロカモメやシロカモメと同様。眼瞼は両親の色を反映して黄色〜赤。

シロカモメ×セグロカモメ
L. hyperboreus × *L.vegae*

第1回冬羽 1w

幼鳥の羽色もカナダカモメやクムリーンカモメに似るが、それより模様の明暗のコントラストが強めの傾向がある。

成鳥冬羽 ad.
シロカモメ×ワシカモメ
L. hyperboreus × *L. glaucescens*

第1回冬羽 1w

ワシカモメに似るが初列風切はより淡色。成鳥の虹彩は淡色傾向。幼鳥の外側初列風切や次列風切はその他の部分に比べて濃く見えない。嘴の肉色はワシカモメより早期から広がる傾向。

背の灰色は
セグロカモメ程度か
やや濃い

足はピンク
〜橙黄色

成鳥冬羽

シロカモメ × "タイミルセグロカモメ"?
L. hyperboreus × *'taimyrensis'* ? ad. w

日本各地で稀に観察され、クムリーンカモメとの混同に注意が必要。初列風切の換羽はセグロカモメより遅い傾向。

成鳥冬羽 ad. w

カナダカモメ × クムリーンカモメ
L. glaucoides thayeri × *L. g. kumlieni* ad. w

主に関東以北で少数観察される。初列風切のパターンは2亜種の中間で連続的に様々な個体が見られ、明確な線引きは難しい。

黒ではなく
灰色がかる

成鳥冬羽
ad. w

オオセグロカモメ × ワシカモメ
L. schistisagus × *L. glaucescens*

オオセグロカモメに似るが、背の色はやや淡く、初列風切の暗部が黒ではなく灰色がかる。

第1回冬羽 1w

オオセグロカモメに似るが、褐色味に乏しく灰色味が強い。 オオセグロカモメの個体差との区別が難しい場合があり、出現頻度など十分にはわかっていない。

成鳥冬羽
ad. w

セグロカモメ × オオセグロカモメ?
L. vegae × *L schistisagus* ?

幼羽 juv.

両種の中間的特徴を持つ個体が観察され、雑種と推測されるが、両種は元々共通点も多く個体差もあるため、識別は難しいことが多い。

大型カモメ類の雑種・色彩異常

シロカモメ×セグロカモメ
Larus hyperboreus × *L.vagae*
成鳥冬羽 ad. w
羽色はクムリーンカモメに似るが、体格・体型はセグロカモメと同様。厳密にはシロカモメ×アメリカセグロカモメなどとの区別は困難なことが多い。
2012年2月28日 千葉県 MU

シロカモメ×セグロカモメ *L. hyperboreus* × *L. vagae* 成鳥冬羽 ad. w　左はシロカモメにごく近い個体で、P10とP9の外弁が暗色。片親はセグロカモメ以外の可能性もある。（左）2018年3月26日　千葉　MU，（右）2014年3月24日 東京都　MU

シロカモメ×セグロカモメ *L. hyperboreus* × *L. vagae* 成鳥冬羽 ad. w　虹彩が暗色で顔つきがセグロカモメに似る個体。カナダカモメやクムリーンカモメより大柄で頭部の斑は明瞭。2018年3月10日　東京都　MU

大型カモメ類の雑種・色彩異常

シロカモメ×セグロカモメ *L. hyperboreus* × *L. vagae* 第2回冬羽 2w　嘴は肉色部が多くて虹彩が淡色、脚は短めで、顔や体型はシロカモメに似るが、初列風切は暗灰褐色で淡色羽縁がある。（左）2019年3月5日、（右）3月18日　千葉県　MU

シロカモメ×セグロカモメ *L. hyperboreus* × *L.vagae* 第1回冬羽 1w　セグロカモメより淡色部が多く、暗色部が弱い。初列風切にも淡色羽縁がある。嘴は肉色部が多く、尾羽は多重の帯状になることが多い。（左）2018年1月29日　千葉県　OU，（右）2007年2月16日　千葉県　MU

シロカモメ × "タイミルセグロカモメ" ?
hyperboreus × '*taimyrensis*' ?
成鳥冬羽 ad. w　背の色と換羽の遅さは"タイミルセグロカモメ"に合致する。足はこれより黄色味があることがある。2008年3月6日　千葉県　MU

オオセグロカモメ×ワシカモメ
L. schistisagus × *L. glaucescens*
成鳥冬羽 ad. w　オオセグロカモメに似るが初列風切は暗灰色。2008年1月15日　千葉県　MU

大型カモメ類の雑種・色彩異常

オオセグロカモメ×ワシカモメ *L. schistisagus* × *L. glaucescens* **第3回夏羽 3s** 　背の灰色はセグロカモメ程度で、初列風切はワシカモメより濃い。大きな体と短い翼、小さな眼と大きな嘴は、羽色が近いカナダカモメとかけ離れている。2014年4月10日　神奈川県　MU

オオセグロカモメ×ワシカモメ？ *L. schistisagus* × *L. glaucescens* ？ **第1回冬羽 1w**　ワシカモメに近いが、全体に模様が粗く明瞭で、頸も縦斑傾向。翼を開くと翼端部が濃い。2017年1月31日　千葉　MU

（推定）セグロカモメ×オオセグロカモメ　成鳥冬羽 Presumed *L. vegae* x *L. schistisagus* ad. w　背灰色はセグロカモメよりやや濃い程度で、初列風切のパターンはオオセグロカモメに似る。眼瞼はオオセグロカモメにしては橙色味がある。2017年1月6日　東京都　MU

大型カモメ類の雑種・色彩異常

セグロカモメ×オオセグロカモメ？ 第2回冬羽 *L. vegae* × *L. schistisagus*？ **2w** 後ろは同年齢のセグロカモメで、それより背の色がやや濃く、顔つきはオオセグロカモメに似る。尾羽の暗色部も広い。2012年2月13日 千葉県 MU

セグロカモメ×オオセグロカモメ？ 第1回冬羽 *L. vegae* × *L. schistisagus*？ **1w** 両種どちらとも判断できない個体が時々見られ、どちらかの個体差の可能性もあるが、雑種の可能性も十分考えられる。2018年12月10日 千葉県 MU

クムリーンカモメ×カナダカモメ *L. glaucoides kumlieni* × *L. g. thayeri* 左右同一個体。第1回冬羽ではクムリーンカモメと思われたが、継続観察により成鳥の翼のパターンから交雑個体（中間個体）と見るのが妥当と判断した。(左) **第1回冬羽 1w** 2009年2月3日 千葉県 MU, (右) **成鳥冬羽 ad. w** 2014年2月21日 千葉県 MU

185

大型カモメ類の雑種・色彩異常

ワシカモメ×シロカモメ *L. glaucescens* × *L. hyperboreus* **第1回冬羽 1w** 嘴角の発達した嘴や体型はワシカモメ的だが、嘴基部に肉色が多く、初列風切は白っぽいなどシロカモメの特徴も多く見られ、全体両種の中間。2017年2月28日 千葉県銚子市 MU

ワシカモメ×シロカモメ
L. glaucescens × *L. hyperboreus*
第3回冬羽 3w ワシカモメに似るがより淡色。嘴の黒色が少ない。2019年3月25日 千葉県 MU

オオセグロカモメ *L. schistisagus* **成鳥冬羽 ad. w** 部分白変個体 初列雨覆が白い個体はウミネコとカモメで時々見られるが、大型カモメでは比較的稀。2016年1月14日 東京都 MU

オオセグロカモメ *L. schistisagus*
第1回冬羽 1w 大型カモメで時折見られる嘴の異常。黒色部がないか限定的で、上嘴先端が異常に伸びる。2019年4月1日 千葉県 MU

オオセグロカモメ *L. schistisagus* **成鳥 ad.** 部分白変個体 2018-2019年の冬にウミネコで多数見つかったのと同様の異常。斑状の白変があり、初列風切の一部が途中で羽軸ごと欠損している。2019年2月4日 千葉県 MU

小型・中型カモメ

Osao Ujihara 氏原巨雄

ミツユビカモメ

Rissa tridactyla
Black-legged kittiwake

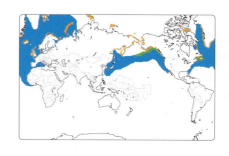

■**大きさ** 全長38〜40cm、翼開長93〜120cm。■**分布・生息環境・習性** 日本には冬鳥として渡来するが北日本に多く、南の地域ほど少なくなる。外洋性のカモメで、主に外海、沿岸に大きな群れで見られる。荒天時には漁港などに群れで入ってくることがある。■**亜種** 2亜種あり、北太平洋周辺に分布する亜種ミツユビカモメ *pollicaris* と、北大西洋周辺に分布する基亜種ニシミツユビカモメ（新称）*tridactyla* がある。日本で見られるのはほとんど *pollicaris*。*tridactyla* はごく稀で、2018年3月に千葉県で第1回冬羽個体が観察された（p.193）。ほかに、その可能性がある個体の撮影例が2例ある。■**特徴** ユリカモメよりやや大きいが、足はずいぶん短いので並ぶと背が低く見える。後趾は退化して短く、特に *tridactyla* は短い。足は黒いが、褐色や赤みがあることもある。■**鳴き声** キックエー、キックエー。

■**成鳥夏羽** 頭は白くて無斑。嘴は緑みがある黄色で足は黒色。背の灰色はユリカモメより濃くKGS:6-7 *tridactyla*、6.5-8 *Pollicaris*。飛翔時は翼先端の黒色部が三角形に見える。

■**成鳥冬羽** 眼の後ろの黒斑は上に伸びて、頭頂で左右の斑がつながることが多い（*Pollicaris*）。後頭、後頸は濃い灰色。*Pollicaris* の夏羽からの換羽は遅く、春まで旧羽を残していることもある。

■**第2回冬羽** 成鳥冬羽に似るが、雨覆、三列風切、尾羽、小翼羽、初列雨覆などに黒斑が残る。嘴に一部、少量の斑が残ることがある。

■**第1回冬羽** 幼羽では黒かった嘴は基部から黄色くなっていく。眼の後ろに大きな黒斑があり、その斑が頭頂に伸びて左右がつながる傾向が強い（*Pollicaris*）。後頭、後頸は灰色から黒色の斑で覆われる。雨覆、三列風切の軸斑は黒色に近く、濃くて明瞭。飛翔時は翼上面が太いM字状パターンになる。尾羽はごく浅い燕尾で、先端に黒帯が見られる。

■**幼羽** 後頸から胸側は黒い。嘴と足は黒色。肩羽は灰色で、白い羽縁が目立つ。

■**亜種 *tridactyla* の識別** 日本ではごくまれな亜種 *tridactyla* は *pollicaris* より小さく、背の灰色がやや淡い。頭の形は額が高くより丸みがある。嘴が小さいのと相まって顔つきがややアカアシミツユビカモメに似ている。ミツユビカモメなのに、顔つきがアカアシミツユビカモメのように見えると感じた場合、*tridactyla* の可能性を検討してみる価値がある。成鳥は初列風切の黒色部が短いので、翼端の黒色三角部が小さく見える。初列風切の黒色は5枚の個体が多い。*Pollicaris* は6枚が普通。眼の後方の黒斑が年齢を問わず小さく、頭頂まで伸びず範囲は限定的。第1回冬羽は外側初列風切の内弁がポイントとなる。*tridactyla* は内弁に白色が多く、翼の先端を大きく開くと、黒白のストライプ状パターンになる。*Pollicaris* より白色部がより先端近くに伸びている。特にP10で違いが顕著。

ミツユビカモメ

亜種 *pollicaris* 成鳥夏羽 ad. s　夏羽では頭に黒斑は見られない。日本で見られるのはほとんど本亜種。
2006年7月8日　Alaska　USA　有我彰通

亜種 *pollicaris* 成鳥冬羽 ad. w　背の灰色はユリカモメより濃く、ウミネコより淡い。眼の後ろの黒斑は大きく、頭頂まで伸びることが多い。2018年3月5日　千葉県　MU

亜種 *pollicaris* 成鳥冬羽 ad. w　冬羽への換羽完了は *tridactyla* より遅く、春でも旧羽が残っていることがある。この個体は完了している。2018年3月5日　千葉県　MU

亜種 *pollicaris* 第2回冬羽 2w　右と同一個体。静止時、この個体は成鳥と区別つかないが、飛翔時に翼羽、初列雨覆、尾羽に黒斑が見られる。2008年2月27日　千葉県　MU

亜種 *pollicaris* 第2回冬羽　初列大雨覆、小翼羽、尾羽に黒斑が残る。雨覆や三列風切に黒斑が残ることもある。嘴に黒っぽい汚れが残る個体もいる。2008年2月27日　千葉県　MU

191

亜種 *pollicaris* 幼羽 juv. 嘴は黒く、後頸から胸側は幅広く黒い。雨覆、三列風切の軸斑も黒くて太い。2004年10月12日　北海道　渡辺義昭

亜種 *pollicaris* 第1回冬羽 1w　足の色は通常黒だが、赤みや褐色みがある個体もいる。この個体褐色。2018年3月13日　千葉県　OU

亜種ニシミツユビカモメ *tridactyla* と 亜種ミツユビカモメ *pollicaris*　成鳥の識別

亜種 *tridactyla* 成鳥夏羽 ad.s　頭は丸く嘴は短い。黒斑はP6までの個体が多い。2006年5月26日　Jeromewhittingham, iStock.com.

亜種 *pollicaris* 成鳥夏羽 ad.s　額が低めで嘴は い。初列風切の黒斑はP5までの個体が多い。200 年10月12日　北海道　渡辺義昭

亜種 *tridactyla* 成鳥夏羽 ad.s　初列風切の黒色部は小さい。枚数は5枚。背の灰色はやや淡く、翼上面外側半分が内側よりやや淡色。2018年7月7日　P halder, iStock.com.

亜種 *pollicaris* 成鳥冬羽 ad.w　初列風切の黒色量が多い。枚数は6枚。*Tridactyla* より背の灰はやや濃い。翼上面の外側、内側に濃さの差はありない。2016年3月15日　千葉県　MU

亜種ニシミツユビカモメ *tridactyla* と 亜種ミツユビカモメ *pollicaris*　第1回冬羽の識別

ミツユビカモメ

亜種 *tridactyla* 第1回冬羽 1w　日本ではごく稀。*pollicaris* より小さく、背の灰色は淡い。頭部はよく丸く、嘴は短い。このため、アカアシミツユビカモメにやや似た顔つきになる。眼の後方の黒斑は小さくて範囲が狭く、頭頂まで伸びない。静止時、初列風切は表裏とも白色が多く見える。（写真下）2018年3月27日　千葉県　OU

亜種 *pollicaris* 第1回冬羽 1w　日本で見られるのはほとんど本亜種。*tridactyla* よりやや大きくて嘴が長く、頭、後頸の斑が多い。背の灰色はやや濃い。初列風切の黒色が、表、裏とも多い（写真下）。両亜種とも多少の個体差はある。また両亜種の中間的特徴を持つ個体もいるものと思われる。2018年3月13日　千葉県　OU

内弁の白色が多い

亜種 *tridactyla* 第1回冬羽 1w　*pollicaris* より外側初列風切の内弁に白色が多い。特にP10の白色が先端近くまで伸びている個体はわかりやすく、識別が容易。この特徴は翼の先を開き気味のとき見られる。2018年3月13日　千葉県　OU

亜種 *pollicaris* 第1回冬羽 1w　*tridactyla* より初列風切の黒色が多い。特にP10で違いが顕著。眼の後ろの黒斑は大きく、頭頂まで伸びる傾向が強い。2018年3月13日　千葉県　OU

ミツユビカモメ

亜種 *tridactyla* 第1回冬羽 1w 翼下面も亜種 *pollicaris* より外側初列風切の黒色が少ない。特に P10では淡色部が多く、より先端まで淡色部が伸びている。嘴の短さがわかる。2018年3月13日 千葉県 OU

亜種 *pollicaris* 第1回冬羽 1w 翼下面 *tridactyla* より初列風切の黒色が多い。特に P1 で違いが顕著。眼の後ろの黒斑は大きく、頭頂まで伸びる傾向が強い。この個体は比較的黒斑が小さい 2018年3月19日 千葉県 MU

亜種 *tridactyla* 第1回冬羽 1w 翼端の開きが少ないときは、翼上面は内弁が見えないため、亜種 *pollicaris* との違いは分かりにくい。翼下面は黒色が少ないのがわかる。2018年3月13日 千葉県 OU

亜種 *pollicaris* 第1回冬羽 1w 眼の後ろの黒は亜種 *tridactyla* より大きい。翼上面はヒメクロワカモメ、ヒメカモメに似た太く明瞭なM字状パターンが見られる。2018年3月19日 千葉県 MU

アカアシミツユビカモメ

Rissa brevirostris
Red-legged Kittiwake

■**大きさ** 全長35〜40cm、翼開長84〜92cm。■**分布・生息環境・習性** ベーリング海のプリビロフ諸島、アリューシャン列島、コマンドル諸島などの島々で繁殖。日本ではまれな冬鳥。外洋性のため普通沖合にいるが、関東以北の沿岸で時々見られ、まれに港に入ってくることもある。北海道東部では気象条件により、大きな群れが観察されることもある。千葉県銚子漁港では過去ミツユビカモメが多く見られた頃は、時々混じっているのが見つかったが、ミツユビカモメの減少とともに見られなくなった。魚、軟体動物、海洋動物プランクトンなどを飛びながら水面から摘まみ採ったり、水面に浮いて採ったりする。■**特徴** ミツユビカモメに似るが、頭が体に比し大きく、形は額が高く頭頂が平らで、四角形に近い独特の形。嘴は短く、先端は上嘴が急カーブを描いている。足は極めて短く、後趾は一見ないように見えるが、ごく小さく短いものがあり、爪も付いている。■**鳴き声** アーアッ、アーアッ、またはキェッ、キェッ。ミツユビカモメにも似ている。
■**成鳥夏羽** 背の灰色はユリカモメ、ミツユビカモメより濃く、KGS：8-9.5でウミネコよりやや淡い。頭部は白く無斑。嘴は黄色く、足は赤色。まれにミツユビカモメにも足が赤や赤褐色の個体が見られることがあるので注意を要する。飛翔時は翼先端に三角形の黒色部が見られる。
■**成鳥冬羽** 眼の前に暗色の縁取りがあり、眼の後方に黒斑があり、後頸に暗灰色の襟巻がある。類似種ミツユビカモメは嘴が長く、上嘴先端の傾斜はなだらか。額の傾斜も緩やかで、背の灰色は淡く、足は黒い。飛翔時は翼がやや短く見える。
■**第2回夏羽** 成鳥同様頭は白いが、P9の外弁に黒条があり、小翼羽などにも暗色斑が残る。頭にやや暗色斑が残ることもある。足の色が成鳥よりやや鈍いこともある。
■**第2回冬羽** 成鳥より初列風切の黒色が多く、P9の外弁は黒い。小翼羽、初列雨覆に黒斑が残ることもある。
■**第1回夏羽** 成鳥は夏期、頭に斑はないが、第1回夏羽は眼の後方の黒斑が残る。嘴は幼羽では黒いが、黄色に変わっている。雨覆には一部幼羽が残っている。足は第1回冬羽よりやや赤みを増す。
■**第1回冬羽** 嘴は幼羽より黄色い部分が多くなる。飛翔時、翼上面にはミツユビカモメのような黒くて太いM字状パターンは見られない。尾羽の黒帯もない。
■**幼羽** 眼の前方は暗色に縁取られ、後方には丸、または三日月型の黒斑がある。後頸には黒い襟巻状の斑がある。嘴は黒く、足は黄褐色。肩羽、雨覆は濃い灰色で、狭くて白い羽縁がある。飛翔時はミツユビカモメ幼羽のような翼上面のM字状パターンは見られず、尾羽の黒帯もない。

アカアシミツユビカモメ

鳥冬羽と第1回冬羽の群れ 12羽の群れ。第1回冬羽が3羽混じっている。2014年12月18日　北海道里郡　渡辺義昭

アカアシミツユビカモメ

成鳥夏羽 ad. s
背の灰色は周りのミツユビカモメより明瞭に濃い。額が高く頭頂が平らな独特な頭の形。嘴と足は短い。2016年7月12日　Alaska USA　高橋説子

成鳥夏羽 ad. s　3羽の成鳥夏羽とミツユビカモメ（右奥）。嘴の長さの違いがよくわかる。2016年7月1日　Alaska USA　高橋説子

成鳥冬羽 ad. w　赤い足が目立つ。冬羽では眼の後方に暗色斑がある。2009年10月9日　北海道　渡辺義昭

成鳥冬羽 ad. w（左）　初列風切外側3枚は旧羽。右はミツユビカモメ。2008年11月10日　北海道　渡辺義昭

アカアシミツユビカモメ

成鳥冬羽 ad. w
奥から2番目と手前1羽目。額が高く頭頂が平らな独特の頭の形。眼の後方の斑は小さい。嘴は短く、上嘴先端は急角度で下に曲がる。背の灰色は濃い。2008年11月10日 北海道 渡辺義昭

成鳥冬羽 ad. w（右）と第1回冬羽 1w
成鳥は嘴が黄色で、幼羽→第1回は黒色。2008年11月10日 北海道 渡辺義昭

鳥冬羽 ad. w 翼は長くて先が尖っている。2008年11月10日 北海道 渡辺義昭

第1回夏羽 1s 眼の後方に黒斑があり、雨覆に幼羽が残っている。2016年7月12日 Alaska USA 高橋説子

アカアシミツユビカモメ

成鳥冬羽 ad. w(手前)と第2回冬羽 2w 成鳥は換羽中で、初列風切外側2枚は旧羽。第2回はP9外弁も黒い。2008年11月10日 北海道斜里郡 渡辺義昭

第2回冬羽 2w P9の外弁が黒く、初列覆にも黒斑が残る。2008年11月10日 北海道斜里郡 渡辺義昭

幼羽→第1回冬羽 juv.→1w 眼は大きく、その前方には暗色斑があり、後方にも丸い黒斑がある。後頸襟巻状に黒い。雨覆にはミツユビカモメや他の中型、小型カモメのような暗色の軸斑が見られない。嘴く、この後冬にかけてだんだん黄色くなっていく。足は橙黄色。尾端はほぼP6先端に並ぶ。2006年10月9日 北海道斜里郡 渡辺義昭

アカアシミツユビカモメ

羽→第1回冬羽 juv.→1w　左のミツユビカモメと比べ、嘴が小さく足が短いのがわかる。背の灰色は濃
。2006年10月9日　北海道斜里郡　渡辺義昭

第1回冬羽　翼上面にミツユビカモメのようなM字
パターンは見られない。尾羽には黒帯がない。2008
年11月10日　北海道斜里郡　渡辺義昭

ゾウゲカモメ

Pagophila eburnea
Ivory Gull

■**大きさ** 全長40〜43cm、翼開長108〜120cm ■**分布・生息環境・習性** グリーンランド他、北極圏の島々で繁殖、冬はやや南下するものの、寒冷な地域に留まる。日本では北海道、青森県、千葉県で記録があるだけの迷鳥。ゆったりとした羽ばたきで海上を飛び回り、スッと舞い降りて水面の甲殻類、魚類などを嘴で摘まみ採る。その他、海棲哺乳動物の死骸を食べたり、他の海鳥の雛を捕ったりすることもある。流氷上、海上、などに生息し、まれに港に入ってくることもある。■**特徴** ずんぐりとした体形の中型カモメ。ハト類を思わせる体形をしている。全身白っぽく見え、ややアイボリー色を帯びる。嘴は小さく足も短い。羽ばたきはゆったりとしている。■**鳴き声** ビューッ、ビユーッまたはギユーッ、ギユーッと濁った賑やかな声で鳴く。

■**成鳥夏羽** 頭、体、翼など全身が白色。嘴は青みがある灰緑色で先端は赤橙色。足は黒くて短い。混同されるような類似種はないが、他の中型カモメの白変個体、例えばカモメが似ている場合があるので要注意。嘴、足の色が異なる他、特に足の長さが全く異なるので、そこに注目すると誤認を防げる。

■**成鳥冬羽** 夏羽とさほど変わらないが、嘴先端は赤みがなくなり黄色い。

■**第1回夏羽** 静止時、一見成鳥のように見えるが、外側初列風切、初列大雨覆に黒斑がある。飛翔時は雨覆、尾羽などに暗色斑が見られる。

■**第1回冬羽、幼羽** 背、肩羽、雨覆、三列風切、次列、初列風切、尾羽など各羽の先端に黒斑がある。斑の大きさ、量には個体差がある。目先から頬、喉にかけて暗色斑があるが、この量も個体差が大きい。嘴は基部が黒、青みがある灰緑色で先端は黄色い。幼羽は嘴の黒味が強い傾向がある。

第1回冬羽 1996年1月21日 北海道 川崎康弘

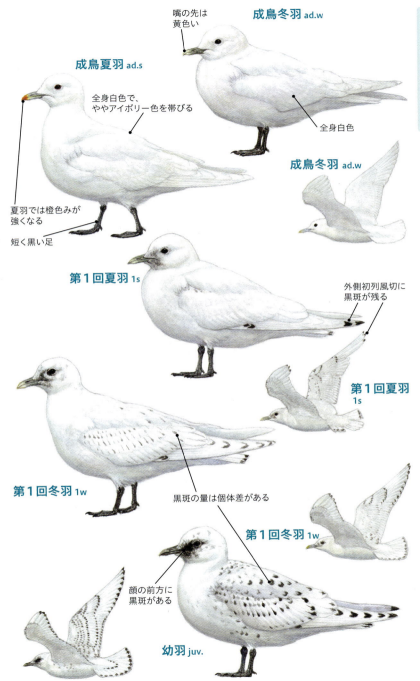

203

ゾウゲカモメ

成鳥夏羽 ad. s 全身白色で、夏羽では嘴の先は橙色みがある。足は短い。2019年7月20日 スピッツベルゲン島 髙橋説子

成鳥夏羽 ad. s 全身アイボリー色みを帯びた白色。Arctic Norway Agami Photo Agency, Shutterstock.com

第1回冬羽 1996年1月21日 北海道 川崎康弘

第1回冬羽 眼の前方の黒斑の量は個体差がある。1996年1月21日 北海道 川崎康弘

第1回冬羽 翼後縁の初列風切部は黒点が連なっている。1996年1月21日 北海道 川崎康弘

クビワカモメ

Xema sabini
Sabine's Gull

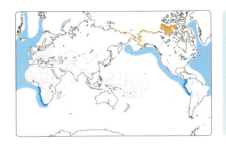

■**大きさ** 全長27〜35cm、翼開長90〜100cm。 ■**分布・生息環境・習性** 外洋性のカモメで、ロシア、アメリカ、カナダ、グリーンランドなどの北極圏で広く繁殖し、南アメリカ、アフリカ南西部の沖合まで渡る。繁殖期は主に水生昆虫を捕り、移動期、越冬期は魚、甲殻類、動物プランクトンなどを食べる。日本では数例の記録があるだけの稀な迷鳥。■**特徴** ユリカモメより少し小さい。頭が小さく翼が長い。翼上面は成鳥、幼鳥とも3色に分かれた特徴的なパターンを持つ。■**鳴き声** ギュア、ギュア、ギッギッギッギッと特徴のある濁った声で鳴く。
■**成鳥夏羽** 頭はやや青紫を帯びた灰黒色。後頭から喉にかけて黒線が伸び首輪状になる。嘴は黒くて先は黄色。足は黒色。虹彩は暗色で眼瞼は赤色。背の灰色はユリカモメより濃く、ウミネコよりやや淡いKGS：7-9。飛翔時は翼上面が灰色と黒と白3色に明確に分かれる。この特徴から他種と見間違う可能性は少ない。尾羽は浅い燕尾状になっている。
■**成鳥冬羽** 頭は白くなり、眼の後方に黒斑があり、後頭、後頸に灰黒色の斑がある。嘴は黒く、先端は黄色。足は茶褐色または黄褐色。
■**第1回夏羽** 成鳥冬羽に似るが、嘴先端に黄色部がないことが多い。頭の斑の量は個体差が大きい。
■**第1回冬羽** 眼の後方に丸い黒斑があり、後頭、後頸にも灰黒色斑がある。背、肩羽は灰色で、雨覆、三列風切は灰褐色の軸斑があり狭い淡色の羽縁がある。羽縁の内側に黒褐色のサブターミナルバンドがある。
■**幼羽** 頭頂から後頸、胸側は黒褐色、または灰褐色で、眼の周囲にもマスク状に黒褐色部がある。嘴は小さめで黒い。足は肉色。体上面の羽は全体に灰黒褐色の軸斑に淡色の羽縁、その内側にサブターミナルバンドがあり鱗模様に見える。飛翔時は翼上面が明確に黒、白、灰褐色の3色に色分けされた特徴的なパターンとなり、他種と見紛うことがない。

成鳥夏羽 ad. s　2012年7月1日　Nunavut Canada　Drferry, iStock.com.

クビワカモメ

成鳥夏羽 ad. s 頭は青紫みを帯びた灰黒色で、後頭から喉にかけて黒く、首輪状となる。嘴は黒くて先が黄色い。虹彩は褐色で眼瞼は赤い。足は黒色。2012年6月25日 Nunavut Canada Drferry, iStock.com.

成鳥夏羽 ad. s 飛翔時は翼上面が3色に分かれた特徴的パターンになり、他種との識別は容易。Alaska USA Agami Photo Agency, Shutterstock.com

幼羽 juv. 頭頂から後頸にかけて灰褐色で、顔もマスク状に灰褐色。背、肩羽、雨覆、三列風切は灰黒褐色で、淡色の羽縁と黒褐色のサブターミナルバンドがある。11月 UK 梅垣佑介

成鳥冬羽 ad. w 頭は白く、後頭から後頸は灰黒。左下は夏冬中間羽。 Atlantic ocean north Spain Agami Photo Agency, Shutterstock.com

幼羽 juv. 成鳥同様3色のパターンになるが、成鳥の灰色部分は幼羽では灰褐色となる。尾羽には黒帯が見られる。Northern coast of Spain Agami Photo Agency, Shutterstock.com

207

ハシボソカモメ

Chroicocephalus genei
Slender-billed Gull

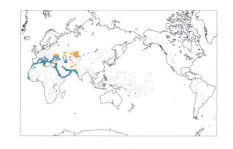

■**大きさ** 全長40〜44cm、翼開長100〜112cm。■**分布・生息環境・習性** 地中海、黒海、カスピ海からカザフスタンまで、点々と繁殖地があり、日本ではごく稀な迷鳥として、福岡県で1984年から5年以上に及ぶ連続渡来の記録があるのみ。海岸、河口、干潟などで小さな魚、甲殻類、昆虫類などを採る。■**特徴** 3年で成鳥になる。ユリカモメよりやや大きい。形態的な特徴が顕著な種で、名のとおり嘴が細長く、頸も長い。体も細身で、額が低いことと相まって全体に鋭くシャープな印象がある。頸を伸ばすとサギ類に似た印象を受けることもある。飛翔時も頸、嘴、尾羽が長いことから、翼の前後が長く、特異な形に見える。■**鳴き声** ユリカモメより低いトーンの濁ったアー、アー、アーという声。
■**成鳥夏羽** 頭部は白色で、多くの小形カモメとは異なり黒い頭巾状にならない。背の灰色はほぼユリカモメと同じだが、やや淡い傾向があるKGS：2-4。頭部から体下面の白色は強いピンク色を帯びる。嘴はほぼ黒く、足は暗赤色。虹彩は暗赤色、暗褐色などで、遠目に黒く見える。眼瞼は赤または暗赤色。翼下面P10、P9内弁の黒色が少ないため、飛翔時、翼下面、外側初列風切の白色部がユリカモメより幅広く見える。

■**成鳥冬羽** 体下面のピンク色みは弱くなる。嘴と足の黒味は減少し、赤色は明るくなる。虹彩は淡色になり白っぽく見える。眼の後方には小さな灰褐色斑が現れるが、ユリカモメよりはずっと小さく不明瞭。類似種ユリカモメは虹彩が暗色で、眼の後方の暗色斑が大きくて明瞭に出る。頭は丸みがあり嘴は短め。チャガシラカモメはやや大きく、眼の後方の暗色斑が非常に大きく明瞭。飛翔時は翼先端が三角状に黒く、大きなミラーが2、3個ある。
■**第2回冬羽** 嘴と足の赤は成鳥より明るく、橙色みが強い。第1回冬羽は黄色みが強いが、それより赤橙色を帯びる。虹彩は淡色。飛翔時は、外側初列風切の外弁に成鳥より多い黒条が見られる。
■**第1回冬羽** 虹彩は淡色。嘴は肉色、ピンク、橙色。足は黄色、橙色。眼の後方の斑はユリカモメより小さく、淡色で不明瞭なことが多い。背、肩羽は淡い灰色で、雨覆、三列風切も比較的早期に灰色の羽に換羽していく。飛翔時、ユリカモメとの顕著な違いは、翼後縁の次列風切部に淡色帯が見られること。P9外弁の黒条が短いのも特徴。翼後縁の暗色帯は内側初列風切部で途切れ気味になる。類似種ユリカモメは虹彩が暗色で眼の後方の暗色斑が大きい。飛翔時、最もわかりやすい違いは、翼後縁次列風切部に淡色帯が出ないこと。チャガシラカモメは眼の後方の暗色斑が非常に大きく、飛翔時、翼先端に三角状の大きな黒色部が見られる。
■**幼羽** 虹彩は暗色。頭頂はキャップを被ったように灰褐色。後頸、背は茶褐色で、肩羽、雨覆は黒褐色の軸斑に淡色の羽縁がある。嘴と足は肉色または淡い橙色。

ハシボソカモメ

成鳥夏羽 ad. s
冬羽より眼は暗色で、嘴は黒くなり、足の赤も暗色になる。全体に強いピンク色を帯びる。2018年2月8日 Sharjah UAE　MU

鳥夏羽 ad. s　頸は非常に長く伸びる。低い額、長い嘴と相まって、特異な風貌となる。2018年 月8日　Sharjah UAE　MU

成鳥夏羽 ad. s　後ろのユリカモメより嘴が長く額の傾斜はなだらか。2018年2月9日　Sharjah UAE　MU

鳥冬羽 ad. w　嘴、足は赤色。眼の後方の暗色斑ユリカモメほど目立たず、ほとんどない場合もあ 2005年1月14日 Muscat Oman　MU

成鳥夏羽 ad. s　外側初列風切下面の白色部がユリカモメより幅広い。2018年2月8日　Sharjah　UAE　MU

ハシボソカモメ

成鳥夏羽 ad. s
嘴は黒く、虹彩は
色。外側初列風切下
の白色部がユリカモ
より幅広い。全体が
くピンク色を帯びて
る。2018年2月8
Sharjah UAE MU

第2回冬羽 2w
成鳥に似るが、嘴
足の色は赤みが弱
橙色みがあり、第1
冬羽よりは橙色み
強い。尾羽に第1回
羽にはある黒帯が
い。2018年2月8
Sharjah UAE M

第2回冬羽 2w 成鳥に似るが、嘴と足の色は赤橙色。第1回冬羽は嘴、足とも黄橙色。2018年2月7日 Sharjah UAE MU

第2回冬羽 2w 嘴と足が橙色。P9外弁に黒条あることが多い。尾羽に第1回冬羽にはある黒帯ない。2018年2月8日 Sharjah UAE MU

ハシボソカモメ

2回冬羽 2w　成鳥より外側初列風切に黒条が目立つ。次列風切と尾羽に暗色斑が残る個体。2018年2月9日　Sharjah UAE　MU

第1回冬羽 1w　虹彩は淡色。眼の後方の暗色斑は弱く不明瞭。嘴と足は橙黄色で長い。2018年2月9日　Sharjah UAE　MU

1回冬羽 1w　ユリカモメ第1回冬羽（右）とは、淡色の虹彩、眼の後ろ黒斑をほぼ欠く、嘴が淡色で細いなどの特徴で識別できる。2018年2月9日　Sharjah UAE　MU

1回冬羽 1w　嘴と足の色は第2回冬羽より橙色が弱い。2018年2月9日　Sharjah UAE　MU

第1回冬羽 1w　虹彩は淡色。翼後縁の次列風切部にユリカモメより幅広い淡色帯がある。2018年2月8日　Sharjah UAE　MU

ハシボソカモメ

第1回冬羽 1w 虹彩は淡色。嘴と足は第2回冬羽より淡い黄橙色。磨れてかなり褪色している。2018年2月9日 Sharjah UAE MU

第1回冬羽 1w 翼下面、外側初列風切の白色部は基部でユリカモメより幅広い。2016年2月27 Samutprakarn Thailand MU

ハシボソカモメ（左下の2羽）とユリカモメ（左上と右下）第1回冬羽の比較

ボナパルトカモメ

Chroicocephalus philadelphia
Bonaparte's Gull

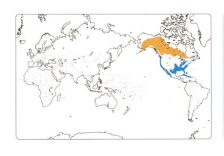

■**大きさ** 全長28～30cm、翼開長75～90cm ■**分布・生息環境・習性** 北アメリカ北部のアラスカからカナダ、オンタリオ州のハドソン湾まで広く繁殖し、冬はアメリカ東、西海岸、メキシコ北部、キューバなどで越冬する。他の多くの種と異なり樹上で営巣することが多い。海岸、干潟、河口、湖などで小さな魚、甲殻類、小昆虫などを食べる。ユリカモメより速い羽ばたきで飛び回り、水面から嘴で餌を摘まみ採る。干潟に降り、足踏みをして餌動物を追い出したり、シギチドリを追い回し餌を横取りすることもある。日本では迷鳥で、茨城県、神奈川県3例、東京都、北海道2例、三重県、千葉県の記録がある。ユリカモメの群れに一羽で混じっていることが多い。
■**特徴** 3年で成鳥になる。ユリカモメより小さく、ヒメカモメより大きい小型カモメ。翼下面の初列風切部にユリカモメ、ズグロカモメのような黒色部がない。■**鳴き声** ギュ、ギュ、と濁った声で鳴くことが多い。ユリカモメよりやや軽く短い。
■**成鳥夏羽** 背の灰色はKGS：5～7で、ユリカモメより濃い。頭部はユリカモメのように黒くなるが褐色みはなく、やや灰色みを感じる黒。眼の上下は白く、細い縁取りがあるが、あまり目立たない。嘴は黒く、足は明るい赤色。ユリカモメも夏羽初期は嘴が黒くなるので要注意。
■**成鳥冬羽** 頭は白く、眼の後方に黒斑があり、黒斑はユリカモメより大きい傾向が強い。嘴は黒く、基部に赤みがあることもある。後頸から胸側はユリカモメより灰色みがある。足は朱色で、やや橙色みを感じる明るい赤。類似種、大きさが近いズグロカモメは嘴が太く、初列風切先端の白斑が大きい。翼下面の初列風切に黒色部が目立つ。足の色は濃い暗い赤色。
■**第2回冬羽** 成鳥冬羽に似るが、足の赤みが弱く肉色で、第1回冬羽に近い色。初列風切先端の白斑は成鳥より小さく、あまり目立たない。小翼羽、初列雨覆、P9外弁、次列風切、三列風切、尾羽などに黒斑が見られる。これらの1ヶ所、または複数の箇所に斑がある個体が多い。ユリカモメ第2回冬羽ではこれらの斑があまり出ないことが多い。
■**第1回夏羽** 頭が完全な頭巾状になる個体は少ない。嘴は黒く、足はピンク。雨覆、三列風切などは褪色して淡色になる。
■**第1回冬羽** 翼上面はユリカモメやズグロカモメより明瞭な濃い模様が見られる。特に翼後縁の黒帯はほぼ均一な幅で特徴的。成鳥の場合と同様、翼下面の初列風切部にユリカモメ、ズグロカモメのような黒色部がない。嘴は基部の淡色部以外は黒い。足は薄いピンク色。類似種ヒメカモメは一回り小さく、翼後縁に黒色帯がないことなどで識別できる。
■**幼羽** 頭頂はキャップを被ったように茶褐色で、後頸、背、肩羽の軸斑も同色。ユリカモメの幼羽に似ているが、嘴は黒く、足はピンク色。

ボナパルトカモメ

夏羽で頭が黒くなるカモメ類　頭部の比較

ボナパルトカモメ
Bonaparte's Gull
頭部は灰色みを帯びる黒。細い嘴。眼の白い縁取りは細い。

ユリカモメ
Black-headed Gull
頭部の黒はやや茶色みがある。眼の白い縁取りは細い。

ゴビズキンカモメ
Relict Gull
眼の白い縁取りが太い。嘴角が発達している。

チャガシラカモメ
Brown-headed Gull
頭巾は茶色みがあり、虹彩が淡色。眼の縁取りは細い。大きめの嘴。

ズグロカモメ
Saunders's Gull
短く頑丈な嘴。眼の白い縁取りが太く目立つ。

ワライカモメ
Laughing Gull
長くて、先がやや下にカーブした嘴。背の灰色は濃い。

アメリカズグロカモメ
Franklin's Gull
眼の上下の縁取りが太い。嘴は長くない。

オオズグロカモメ
Pallas's Gull
黒と赤の斑がある黄色く大きな嘴。額は低くなだらかで直線的。

217

ボナパルトカモメ

成鳥夏羽 ad. s 頭は...リカモメのような褐1みを帯びることがなくやや灰色みを感じる黒色。眼の上下の白い取りは細い。足は明い赤色。2019年4月2日 British Columbi Canada OU

成鳥冬羽 ad. w 嘴が黒く、眼の後ろの黒斑は大きくて目立つ。背の灰色はユリカモメよりやや濃い。2016年10月23日 Ontario Canada MU

成鳥冬羽 ad. w 後頸から胸側はユリカモメより灰色みを帯びる。嘴基部の赤みが目立つ個体。201 年10月23日 Ontario Canada MU

第2回冬羽 2w 足は成鳥ほど赤くなく薄いピンク。初列風切の白斑は成鳥より小さい。2016年10月23日 Ontario Canada MU

第2回冬羽 2w 三列風切、尾羽に黒斑が残っている。2016年10月23日 Ontario Canada MU

218

第1回夏羽 1s　完全な頭巾状になる個体は少ない。雨覆、三列風切、初列風切は褪色して淡色になっている。2006年7月6日　Alaska USA　有我彰通

第1回冬羽→第1回夏羽 1w→1s（右）　左のユリカモメより一回り小さく、眼の後ろの黒斑は大きい。雨覆、三列風切の暗色斑は濃い。嘴はユリカモメもこの時期黒色みを帯びるためあまり差がない。1987年4月28日　神奈川県　OU

幼羽→第1回冬羽 juv.→1w　雨覆の他にも、後頸、肩羽などに幼羽が残っている。雨覆の斑はユリカモメより濃く、黒に近い。ユリカモメより太い眼の後ろの黒斑。2016年10月26日　Ontario Canada　MU

第1回冬羽 1w　嘴基部は肉色。後ろのクロワカモメとの大きさの差に注目。2016年10月23日　Ontario Canada　MU

ボナパルトカモメ

第1回冬羽 1w　ユリカモメはこの時期、嘴、足が橙色。2016年10月23日　Ontario Canada　MU

成鳥夏羽 ad.s　翼上面はユリカモメと同じ。201年4月24日 British Columbia Canada　OU

成鳥冬羽 ad.w　内側初列風切下面はユリカモメ、ズグロカモメのような黒色がない。2016年10月24 Ontario Canada　MU

成鳥冬羽 ad.w　翼下面にユリカモメのような黒色部がなく、翼後縁初列風切部の黒色以外は白と灰色。2016年10月23日 Ontario Canada　MU

第2回冬羽 2w　初列大雨覆とP9外弁、尾羽に斑が残る。2016年10月25日 Ontario Canad MU

第2回冬羽 2w
外側初列風切外弁に黒条、初列雨覆、尾羽に黒斑が残る。ユリカモメ第2回冬羽はこのような黒斑は残らない個体が多い。2016年10月24日 Ontario Canada MU

第2回冬羽 2w 次列風切に黒斑が残り、尾羽に細い黒斑が残っている。2016年10月24日 Ontario Canada MU

第1回冬羽 1w 外側初列風切、初列雨覆、小翼羽にほとんど黒斑がない変異個体。2016年10月24日 Ontario Canada MU

第1回冬羽 1w 翼上面の模様はユリカモメより黒く明瞭。特に翼後縁の黒帯はほぼ均等な幅で連なり特徴的。2016年10月24日 Ontario Canada MU

ボナパルトカモメ

第1回冬羽 1w ユリカモメより翼上面の暗色部が濃く明瞭。特に後縁の黒帯はほぼ均等な幅で連なり特徴的。尾羽の黒帯も幅広い。2016年10月25日 Ontario Canada　MU

第1回冬羽 1w 翼下面は、ユリカモメ、ズグロカモメと異なり、翼後縁以外に黒色部がない。201 年10月23日　Ontario Canada　MU

ボナパルトカモメ第1回冬羽
Bonaparte's Gull 1w
翼上面の模様は最も濃く、翼後縁の黒帯の幅は比較的均等。翼下面は主に白色。

ユリカモメ第1回冬羽
Black-headed Gull 1w
雨覆の斑は弱く褐色みがある。翼下面は黒色が最も多い。尾羽の黒帯の幅は3種の中で中間。

ズグロカモメ第1回冬羽
Saunders's Gull 1w
翼後縁次列風切部は幅広い白帯がある。翼下面の黒色はユリカモメより少ない。尾羽の黒帯は狭い。

チャガシラカモメ

Chroicocephalus brunnicephalus
Brown-headed Gull

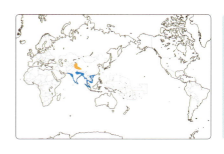

■**大きさ** 全長41～43cm、翼開長105～115cm。■**分布・生息環境・習性** 中央アジアの高原、アラル海から中国西部までの大きな湖の島や湿地で繁殖する。冬期は主にパキスタンからベトナムにかけての海岸線の干潟、河口、湖などで越冬する。餌として魚、甲殻類、昆虫などを捕る。日本ではごく稀な迷鳥で、2002年5月、茨城県神栖市で成鳥夏羽の撮影記録がある。■**特徴** 3年で成鳥になる。ユリカモメより大きく、嘴も大きく頑強に見える。飛び方は、幅広めの翼でゆったりと羽ばたく。最も際立った違いは翼の模様パターンで、翼端に大きな黒色部がある。ユリカモメとの交雑は稀ではない。他にハシボソカモメとの交雑例がある。■**鳴き声** ギャー、ガッガッ、キィーとユリカモメに似てやや低いトーンの声。

■**成鳥夏羽** 背の灰色はほぼユリカモメと同程度の濃さだが、やや暗色の傾向があるKGS：4-6。頭部はユリカモメのような暗色頭巾状になるが、より褐色味が強い。嘴は暗赤色で先は黒い。足は暗赤色。虹彩が淡色で、暗色のユリカモメとの良い識別点となる。飛翔時は翼先端が三角状に黒く、大きな2、3個のミラーが目立つ。

■**成鳥冬羽** 頭は眼の後方の黒斑を残し白くなる。嘴と足は暗赤色で、嘴先端が黒い。ユリカモメとは、淡色の虹彩、翼先端の大きな黒色部と2、3個のミラーで容易に識別できる。眼の後方の黒斑は大きい傾向がある。

■**第2回夏羽** 成鳥夏羽に似るが、2個のミラーが小さく、また1個のみの場合もある。初列雨覆、小翼羽に黒斑が残ることが多く、次列風切、三列風切に黒斑が残る場合もある。

■**第2回冬羽** 成鳥冬羽に似るが、その識別点については第2回夏羽の項を参照。嘴と足の色はやや明るく、橙色味を帯びることが多い。第1回冬羽は普通ミラーがなく、足と嘴は赤みが弱く、橙色。

■**第1回夏羽** 雨覆、三列風切、尾羽などを換羽して第2回夏羽と一見同じように見えるが、翼端にミラーがないことなどでかろうじて識別できる。

■**第1回冬羽** ユリカモメ第1回冬羽とは一回り大きいことと、翼端の三角状の黒色部で容易に識別できる。雨覆の暗色斑は濃く明瞭で、初列雨覆、小翼羽の暗色斑も多い。尾羽の黒帯は幅広い。ただし、ユリカモメ基亜種*ridibundus*は翼上面のパターンが似ている個体がいるので要注意。また*ridibundus*との雑種も多いので要注意。越冬期に雨覆、三列風切、次列風切、尾羽の換羽が進み、一見成鳥、第2回冬羽と見まがう個体がかなりいる。嘴、足の色は橙色味が強いこと、初列風切にミラーがないことなどで識別可能。

■**幼羽** 頭頂は灰褐色のキャップを被ったように見え、背、肩羽、雨覆は軸斑が黒褐色で淡色の羽縁があり、全体にうろこ状模様に見える。

チャガシラカモメ

成鳥夏羽 ad. s
ユリカモメより大きく
虹彩は淡色。頭の黒色
は褐色みが強い。翼の
が黒く、ミラーが見え
いる。嘴はユリカモメ
り太く頑丈。2016年2
29日　Samutprakar
Thailand　MU

成鳥冬羽→夏羽 ad. w→s　頭が黒くなり始めている。2016年2月29日　Samutprakarn Thailand MU

成鳥冬羽 ad. w　虹彩が淡色。眼の後方の暗色斑大きい。初列風切裏にミラーが見えている。201
年2月27日　Samutprakarn Thailand　OU

第2回夏羽 2s　三列風切に黒斑が残っていることから第2回夏羽とわかる。2016年2月29日　Samutprakarn Thailand　MU

第2回冬羽 2w　成鳥より嘴、足の色が橙色を帯びる
第1回冬羽に似るが、虹彩は淡色で、初列風切
に、成鳥より小さいミラーが見えている。2016
2月27日　Samutprakarn Thailand　MU

チャガシラカモメ

第1回冬羽 1w　三列風切と雨覆の一部を換羽して
〔い〕る。嘴と足は第2回より淡い橙色。2016年2月
〔27〕日　Samutprakarn Thailand　OU

第1回冬羽→夏羽（右）1w→s　三列風切、雨覆を
ほとんど換羽している。手前はユリカモメ。　2016
年2月27日　Samutprakarn Thailand　OU

〔左〕から第1回冬羽→夏羽 1w→s　成鳥夏羽 ad. s　成鳥冬羽 ad. w　嘴、足の色がそれぞれ異なっているこ
〔と〕に注目。2016年2月29日　Samutprakarn Thailand　MU

〔成〕鳥夏羽 ad. s　ユリカモメとは翼端に大きな
〔黒〕色部があることが最も異なる。大きなミラー
〔が〕2個ある。2016年2月27日　Samutprakarn
〔Th〕ailand　OU

成鳥夏羽 ad. s　ミラーが3個ある個体もよく見られ
る。2016年2月29日　Samutprakarn Thailand
MU

227

チャガシラカモメ

成鳥冬羽ad. w ユリカモメ冬羽とは翼端の黒色が大きいこと、虹彩が淡色なことなどで識別可能。幅広い翼で、羽ばたきもゆったりとしている。2016年2月29日　Samutprakarn Thailand　OU

第2回夏羽（Hybrid with Black-headed Gull）　小翼羽に暗色斑がある。第2回夏羽にも関わらず成鳥より明らかに初列風切の黒が少なく、ミラーが大きい。加えて虹彩がやや暗色であるなど、ユリカモメとの雑種と思われる。2016年2月29日　Samutprakarn Thailand　OU

第2回冬羽 2w　ミラーが成鳥より小さくて、小翼羽に黒斑が残る。2016年2月27日　Samutprakarn Thailand　MU

第2回冬羽 2w　小さいミラーが1個で、次列風切に暗色斑が残る。2016年2月29日　Samutprakarn Thailand　OU

228

チャガシラカモメ

第1回冬羽 1w　雨覆の換羽があまり進んでいなくて暗色斑が多い個体。2016年2月29日 Samutprakarn Thailand　OU

第1回冬羽 1w　雨覆の暗色斑がかなり少なくなってきた個体。2016年2月27日　Samutprakarn Thailand　OU

第1回冬羽→夏羽 1w→s　換羽が大雨覆まで及んでいる個体。次列風切も換羽が始まっている。尾羽も中央から換羽が進んでいる。2016年2月27日 Samutprakarn Thailand　OU

第1回冬羽→夏羽 1w→s　次列風切も換羽が進行している個体。2016年2月27日　Samutprakarn Thailand　OU

ユリカモメ

Chroicocephalus ridibundus
Black-headed Gull

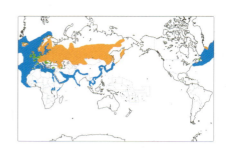

■**大きさ** 全長34～39cm、翼開長100～110cm。■**分布・生息環境・習性** ユーラシア大陸の極東ロシアから西ヨーロッパまで広く繁殖し、北アメリカの東端でも一部繁殖する。日本で見られる小型カモメは、西日本で比較的多く見られるズグロカモメを除き大部分本種で、その他の種は迷鳥。河口、海岸、河川中流、内陸の池などで大きな群れを作って越冬する。■**亜種** 2亜種に分けられることもあるが、亜種を認めない説もある。この図鑑では前者に従って説明する。その場合、西ヨーロッパから中央アジアで繁殖するのが基亜種コユリカモメ（新称）*ridibundus*、極東ロシアで繁殖するのが亜種ユリカモメ*sibiricus*となる。冬期日本で見られるのは*sibiricus*が大部分を占め*ridibundus*は少ない。中国では*ridibundus*が比較的多く、西部では*ridibundus*がほとんど。台湾、韓国では*sibiricus*のほうが多いが、*ridibundus*も見られる。*ridibundus*はやや小さくて、嘴も短く頭は丸みが強いことから、全体にコンパクトな印象が強い。■**鳴き声** ギャーッ、ギャー。■**特徴** ウミネコより小さく、ズグロカモメより大きい小型カモメ。

■**成鳥夏羽** 背の灰色はセグロカモメ、カモメより淡いKGS：4-5。頭部は茶色みがある黒色で、後頭から下は白い。眼の上下に白く狭い縁取りがある。嘴、足は冬羽では赤いが、春から初夏には黒みを増す。*ridibundus*は夏羽になるのが早く、2月には夏羽の個体や夏羽に移行中の個体が見られ、3月には頭の黒い個体がほとんどとなる。*sibiricus*は4月に黒くなる個体が多い。2、3月に夏羽で小さい個体がいたら*ridibundus*の可能性がある。

■**成鳥冬羽** 頭は白くなり、眼の後方に黒斑がある。嘴と足は濃い赤。冬羽で亜種の識別はかなり難しい。群れの中でどの個体よりも明らかに小さく、嘴が短ければ亜種*ridibundus*の可能性がある。雄は大きさで*sibiricus*と重なりがあるが、小さい雌だと識別が可能な場合があるかもしれない。

■**第2回冬羽** 嘴と足は成鳥より橙色みが強い。小翼羽、尾羽などに暗色斑が残る個体もいるが、他の小型カモメほど第2回冬羽としての特徴は現れない。

■**第1回夏羽** 頭が成鳥のような頭巾状になる個体は少なく、第1回冬羽とあまり変わらない個体も多い。*ridibundus*は完全に近い頭巾状になる個体が比較的多く見られる。春から初夏にかけて、嘴と足は黒みを増す。

■**第1回冬羽** 嘴と足は橙黄色、橙色で、嘴の先は黒い。雨覆と三列風切は黒褐色の軸斑があり、尾羽の先には黒帯がある。*ridibundus*は雨覆に出る暗色帯が幅広く明瞭で初列風切の黒色も多く、尾羽の黒帯が幅広い傾向が強いが、これらの特徴は両亜種とも個体差があり、大きさ、嘴のサイズを併せて判断する必要があるが、確実な識別はかなり難しい。稀に雨覆全体が黒褐色の暗色個体が見られることがある。

■**幼羽** 頭頂は茶褐色で、背、肩羽、雨覆、三列風切は黒褐色の軸斑がある。

亜種 *sibiricus* 成鳥夏羽 ad. s　日本で普通に見られる亜種。頭はズグロカモメのような真っ黒ではなく茶色みを帯び、眼の上下の白い縁取りは細い。嘴、足は冬期より黒さが強くなる。亜種 *ridibundus* より大きく、嘴が長い。2017年4月16日　東京都　OU

（推定）Presumed 亜種 *ridibundus* 成鳥夏羽 ad. s　手前右隅の亜種 *Sibiricus* の頭部と比較すると嘴は目立って小さい。頭は丸みが強く、足は短め。2018年4月22日　東京都　OU

亜種 *ridibundus* 成鳥夏羽 ad. s（中央手前）　日本では稀、または数少ない亜種。頭が黒くなるのは周りの亜種 *sibiricus* より早く、2月には黒くなった個体が現れ、3月には黒くなった個体が多い。ズグロカモメよりも早い傾向がある。亜種 *sibiricus* より小さく、嘴が短小で、頭は丸みが強い。2018年3月26日　千葉県　MU

上と同一個体（左4）　写真に写っていない周囲の個体も含め、夏羽になっているのはこの個体のみ。他の個体より明らかに小さい。

ユリカモメ

亜種 ridibundus 第2回夏羽 2s 亜種 sibiricus やズグロカモメより換羽が早く、2月から夏羽の個体が多く見られる。次ページ左上の個体と同一。2016年2月27日 Samutprakarn Thailand　MU

亜種 sibiricus 成鳥夏羽→冬羽 ad. s→w 冬羽の換羽中は、頭部の黒色は首輪状に残ることが多い。この個体は例外的に換羽が遅い。2011年10月3日 東京都　MU

成鳥冬羽 ad. w 嘴と足は深みのある赤色。右端は第1回冬羽。亜種 Sibiricus（右の2羽）は大きく、嘴足が長い。左は小さくて嘴、足が短く、額が高いことなどから、亜種 ridibundus の可能性が強い。ただ亜種 Sibiricus 雌の小さい個体の可能性があるかどうかも含め、冬羽の確実な識別は容易ではない。201 年12月10日 千葉県　MU

成鳥夏羽 ad. s P10からP7の外弁まで白く、その他は灰色。翼後縁は外側7枚に黒斑がある。2018年4月2日 千葉県　MU

成鳥冬羽 ad. w 翼下面はズグロカモメ、ボナパルトカモメより黒色部が多い。2019年2月18日 千葉県　OU

234

ユリカモメ

第2回冬羽 2w 下と同一個体。初列雨覆、小翼羽、尾羽に黒斑が残るが、こういう個体は少数で、他の小型カモメほどは暗色斑が残らない個体が多い。2018年12月2日 東京都 OU

亜種 *ridibundus* 第2回夏羽 2S 小翼羽に黒斑が残る。前頁左上と同一個体。2016年2月27日 Samutprakarn Thailand OU

**亜種 *sibiricus*
第2回冬羽（手前）2w** 嘴と足の色は後ろの成鳥のような濃い赤ではなく、橙色みが強い。この個体は尾羽に黒斑が残ることで、第2回冬羽ということがよりわかりやすい。2018年12月2日 東京都 OU

亜種 *sibiricus* 第1回夏羽 1s 頭は成鳥ほど黒くならない個体が多い。嘴と足は黒味が強くなっている。2017年5月21日 神奈川県 OU

ユリカモメ

亜種 *sibiricus* 第1回冬羽 1w 嘴、足は成鳥のような深い赤ではなく橙色。雨覆、三列風切、尾羽に成鳥にはない黒褐色斑がある。2018年2月19日 神奈川県 MU

亜種 *ridibundus* 第1回冬羽 1w 亜種 *sibiricus* よりやや小さく、嘴は短い。頭は丸みがより強い 2018年2月9日 Sharjah UAE MU

亜種 *sibiricus* 第1回冬羽 1w 亜種 *sibiricus* として標準的な個体。ただ個体差は大きい。2017年12月19日 OU

亜種 *ridibundus* に似た暗色部の多い個体もよく見られる。2018年12月24日 千葉県 OU

亜種 *sibiricus* 幼羽→第1回冬羽 juv.→1w 外側初列風切の黒色部が最も多い個体。2016年11月20日 東京都 OU

亜種 *ridibundus* 第1回冬羽 亜種 *sibiricus* より雨覆、尾羽の暗色帯が幅広く、初列風切の黒色が多い傾向がある。ただ個体差は大きい。2018年2月9日 Sharjah UAE MU

幼羽 juv. ほぼ完全な幼羽。頭部は複雑な模様になっている。2004年9月14日 北海道 渡辺義昭

ユリカモメ

第1回冬羽 1w 稀に見られる暗色個体。翼上面全体に黒褐色部が多く暗色に見える。第1回冬羽の普通の羽衣と最も異なるのは、大雨覆が一様な暗色になること。　今のところ亜種*sibiricus*のみで観察されている。
（左上と右上）2014年12月7日 神奈川県 OU　（左中）2001年2月20日 東京都 OU　（左下）1980年12月下旬 千葉県 OU　（右下）2006年11月14日 北海道 渡辺義昭

ズグロカモメ

Chroicocephalus saundersi
Saunders's Gull

■**大きさ** 全長30〜33cm、翼開長87〜91cm。■**分布・生息環境・習性** 中国の渤海沿岸地域と朝鮮半島西岸の一部で繁殖し、日本には冬鳥として主に関東以西に渡来し、ユリカモメに次いでよく見られる小型カモメ。ユリカモメよりずっと少ないが、西日本ではユリカモメより多い地域もある。特に北部九州では多い。海岸や河口の干潟で見られることが多く、それはおもな餌がカニ類であることによる。絶滅危惧種VU。■**特徴** ユリカモメより小さい小型カモメ。嘴は短くて太く、がっしりしている。翼は長くて尖り、静止時は後ろに長く突き出て、アジサシ類を思わせる形状になる。飛翔時もアジサシ類に似た飛び方で、干潟上を餌のカニ類を探して飛び回る。■**鳴き声** キッ、キッと短く区切って鳴く。キキキキキ、キキッ、キキッと連続して鳴くことも。

■**成鳥夏羽** ユリカモメとは、頭部の黒がより黒くて茶色みがなく、後頭まで黒いこと、眼の上下の白い縁取りが太くより目立つこと、嘴が太くて短く黒いこと、静止時、初列風切に大きな白斑が目立ち、黒白が交互に並ぶことなどが異なる。飛翔時は翼が長く尖り、下面の黒色が少ないこと、次列風切後縁に幅広い白色帯があることなどが異なる。背の灰色は淡くKGS：(3) 4-5。頭が黒くなるのは3月初旬頃で、ユリカモメ亜種 *sibiricus* よりひと月早く、亜種 *ridibundus* とほぼ同じ。

■**成鳥冬羽** 頭は白くなり、眼の後方に黒斑があり、眼から頭頂に暗灰色の帯が伸びる。ユリカモメとの識別は成鳥夏羽の項を参照。

■**第2回夏羽** 春、頭が黒くなるのは成鳥よりひと月前後遅い。静止時は初列風切先端の白斑が小さいことで成鳥の中から見つけ出すことが可能。飛翔時はP8とP7の外弁に細い黒条があることで成鳥と区別することができる。ただ、成鳥でも翼端の開きが大きい場合、隣りあう羽の内弁の黒条が見えて紛らわしい場合があるので注意を要する。初列風切各羽先端近くの黒色も幅広い。小翼羽に黒斑が出ることもある。

■**第2回冬羽** 成鳥に似ているが、静止時は初列風切先端の白斑が小さいことで見つけ出すことが可能。成鳥冬羽との識別点は第2回夏羽の項も参照。

■**第1回夏羽** 雨覆、三列風切は多くを灰色の羽に換羽し、他は擦れてくる。頭は個体差があるが、完全に近い黒い頭巾状に換羽する個体も多い。

■**第1回冬羽** ユリカモメとは黒くて太く短い嘴、飛翔時の次列風切後縁の幅広い白帯で識別可能。初列風切下面の暗色部は少なく、尾羽の黒帯は幅が狭い。雨覆、三列風切の黒褐色斑は早めに消失する傾向が強い。

■**幼羽** 頭頂はキャップを被ったように茶褐色で、後頸、背、肩羽の軸斑も同色。

ズグロカモメ

成鳥夏羽 ad. s 頭は黒く、ユリカモメのような茶色みはない。眼の周りの白い縁取りは太くてよく目立つ。嘴は黒くて、太く短い。初列風切は長く、鋭く後ろに突き出し、アジサシ類のような形態となる。2017年3月7日　Tianjin China　OU

成鳥冬羽→夏羽 ad. w→s
頭は後方から黒くなり、前方はまだ白い部分が残っている。黒くなる時期は、ユリカモメ亜種 *sibiricus* より約ひと月早く、亜種 *ridibundus* とほぼ同じ。2017年3月7日　Tianjin China　OU

成鳥冬羽 ad. w　嘴は太くて短い。眼の後方の黒斑はあまり大きくない。初列風切の白斑は大きい。2009年12月20日　千葉県船橋市　MU

ズグロカモメ

成鳥冬羽 ad. w 初列風切の白斑は、第2回冬羽より大きく、黒色部は少ない。夏羽になるのは第2回冬羽より早く、この個体は3月9日には完全な夏羽になっていたが、第2回冬羽（下）は、冬羽のままだった。2019年1月15日 千葉県 OU

第2回冬羽 2w 初列風切の白斑は成鳥より小さく、黒色部は多い。夏羽になるのは成鳥より遅く、同時に越冬していた成鳥は3月9日には完全な夏羽になっていたが、この個体は冬羽のままだった。2019年1月15日 千葉県 OU

第1回冬羽 1w 初列風切に成鳥、第2回冬羽のような目立つ白斑がない。雨覆、三列風切の黒褐色の幼羽は、灰色の羽に換羽して成鳥に似た羽衣になっている。2016年1月26日 東京都 MU

第2回冬羽 2w ユリカモメ第2回冬羽との比較。ユリカモメ（右）より小さく、嘴が黒く短い。初列風切の白斑がより目立つ。2019年1月15日 千葉県 OU

鳥夏羽 ad. s 長くて尖った翼が特徴的。頭部が大きく胴体が短い。2017年3月7日 Tianjin China OU

成鳥冬羽→夏羽 ad. w→s 初列風切下面の黒色はユリカモメより少ない。2017年3月7日 Tianjin China OU

鳥冬羽 ad. w P7の外弁の黒条のように見えてるのはP8の内弁。2009年12月20日 千葉県 U

成鳥冬羽 ad. w 第2回のようなP7、P8外弁の黒条はない。2009年12月20日 千葉県 MU

第2回冬羽 2w P8、P7の外弁に黒条があり、初列風切先端の黒斑が大きく白斑が小さい。2019年1月15日 千葉県 OU

ズグロカモメ

幼羽 juv. 2016年7月下旬　佐賀県　中村さやか

第1回冬羽 1w 翼後縁、次列風切部は幅広い白帯になり、他の小型カモメとの重要な識別点となる。尾羽の暗色帯はユリカモメより狭い。2016年1月26日　東京都　OU

幼羽 juv. 頭頂は黒褐色のキャップを被ったように見える。肩羽、雨覆、三列風切は黒褐色の軸斑に淡の羽縁があり、全体が鱗模様となる。2016年7月下旬　佐賀県　中村さやか

第1回冬羽 1w 先端の白斑はごく小さく、目立たない。外側初列風切の外弁の黒条が目立つ。OU

第2回冬羽 2w P8、P7の外弁に黒条がある。黒斑はP10からP6まで。P4までの個体もいる。先端の白斑が成鳥より小さい。OU

成鳥冬羽 ad. w 黒斑はP9からP6の4枚。P10、P5に小さながある個体もいる。先端の白斑大きい。MU

ヒメカモメ

Hydrocoloeus minutus
Little Gull

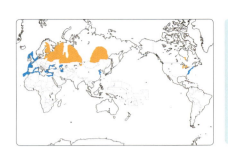

■**大きさ** 全長25〜27cm、翼開長75〜80cm。■**分布・生息環境・習性** ヨーロッパ東部、東、西シベリア、カナダのハドソン湾南部、アメリカ五大湖周辺などで繁殖、日本では稀な迷鳥として2008年千葉県、2013年東京都で記録がある他、北海道、広島、沖縄での観察報告がある。淡水の湿地帯で繁殖。冬は海岸、湖沼、川などで小さな魚、水生の無脊椎動物などを採り、飛びながら昆虫を捕えたりする。他の小型カモメより小さく、アジサシ類にも似ることから、ハジロクロハラアジサシなどとの誤認には注意が必要。■**特徴** 世界最小のカモメ。羽ばたきが速く、飛翔や採餌はアジサシ類、特にクロハラアジサシ類に似ている。体に比して頭部が大きく、全体にコンパクトな印象がある。頭は丸みが強く、嘴は小さくて尖っている。その小ささから他の小型カモメとの識別は難しくない。■**鳴き声** キュー、キューと区切って鳴き、キュキュキュキュと連続して鳴くこともある。

■**成鳥夏羽** 背の灰色は淡く、ほぼユリカモメと同程度KGS：4-5.5。頭巾はユリカモメより下部まで黒く、ユリカモメのような眼の周囲の白色の縁取りはなく、眼の位置がわかりにくい。細い嘴は黒く、足は赤い。静止時、初列風切の表面は白く、裏面は先だけ白く、基部は黒く見える。飛翔時、翼端は他の小型カモメより丸みがある。上面は翼の後縁のみ白く、他は灰色。下面は翼後縁、腋羽以外ほぼ黒く見える。

■**成鳥冬羽** 頭は白く、頭頂は濃い灰色で、眼の後方に黒斑がある。静止時、初列風切に暗色部はなく、下面は先を除いて黒い。類似種ボナパルトカモメは一回り大きく、静止時、初列風切は白くない。飛翔時は翼端が尖り、上面、翼後縁の初列風切部に黒色がある。翼下面は後縁の初列風切部以外は黒くない。

■**第2回冬羽** 成鳥冬羽に似るが、初列風切、小翼羽、初列中雨覆に黒斑がある。初列風切の黒斑の量は個体差が大きい。翼下面は成鳥ほど黒くはなく灰色部があるが、第1回冬羽よりは濃い。

■**第1回夏羽** 第1回冬羽より頭は黒くなるが、完全な頭巾になることは少なく、さまざまな程度に黒くなった個体が見られる。

■**第1回冬羽** 幼羽から肩羽を灰色の第1回冬羽に換羽する。頭頂のキャップは黒褐色から灰色になる。雨覆、三列風切は濃い黒褐色の軸斑があり、飛翔時は幅広いM字状パターンとなる。尾羽は先に太い黒帯がある。翼下面は成鳥、第2回より淡色。翼の先は成鳥より尖っている。

■**幼羽** 頭頂はキャップを被ったように黒褐色で、眼の後方に大きな黒斑がある。後頭から胸側、背も黒褐色。肩羽は黒褐色の軸斑があり、先が幅広く白い。雨覆、三列風切も黒褐色の軸斑がある。飛翔時、翼上面は第1回冬羽と同じで、翼下面は成鳥のような黒色にはならず、翼先端は丸みがなく尖っている。しばしば翼上面全体が暗色の個体が見られる。

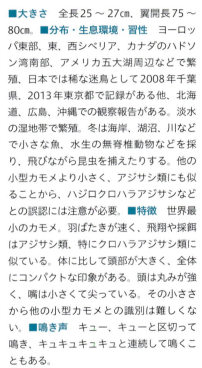

245

ヒメカモメ

成鳥夏羽 ad. s 頭巾はユリカモメより深く、後頭まで覆う。眼の上下の白い縁取りがないため、眼の位置がわかりにくい。2016年6月18日 Tyumen Russia Grigorii Pisotckii, iStock.com.

成鳥夏羽 ad. s 嘴は黒く、足は明るい赤色。下面は暗色部が多い。2014年6月28日 US iStock.com.

成鳥冬羽 ad. w
嘴は細く黒い。足赤褐色。頭頂は濃灰色で眼の後ろの斑が目立つ。初風切は暗色斑がく、裏面は先を除暗色。2016年1月23日 Ontar Canada MU

成鳥冬羽 着水時は水には深く沈み込まず、軽がると表面に浮くように見える。2016年10月23日 Ontario Canada MU

成鳥冬羽 ユリカモメより小さいボナパルトカメ（後方）と比較してもこのように明瞭に小さい 2016年10月26日 Ontario Canada MU

成鳥冬羽 ad. w 翼下面は後縁以外はほとんど黒く見える。腋羽は白い。2016年10月23日 Ontario Canada MU

成鳥冬羽 ad. w 翼先端は他のカモメより丸みがある。翼上面は後縁の白色以外は全体が灰色。2016年10月26日 Ontario Canada MU

成鳥冬羽 ad. w 右はボナパルトカモメ。翼の形の違いが明瞭。翼端に丸味があり、翼下面は暗色。2016年10月25日 Ontario Canada MU

第2回冬羽 2w 外側初列風切の外弁に黒条が見られる。2016年10月24日 Ontario Canada MU

第2回冬羽 2w 右上の個体より初列風切の黒斑が多い。2016年10月23日 Ontario Canada MU

ヒメカモメ

ヒメカモメ

第2回冬羽 2w 成鳥に似るが、外側初列風切に黒斑が残る。2016年10月23日 Ontario Canada MU

第2回冬羽 2w 外側初列風切の黒斑の量は個体差が大きく、この個体は少ない。2016年10月23日 Ontario Canada MU

第2回冬羽 2w 初列風切に黒斑が残る。この個体は多く残っている。翼下面は成鳥ほどは黒くない。2016年10月25日 Ontario Canada MU

第1回冬羽 1w 翼下面は成鳥と異なり黒くない。翼端は成鳥のような丸味がなく尖る。2016年1月26日 Ontario Canada MU

幼羽→第1回冬羽 juv.→1w 頭頂、後頸、肩羽などにまだ幼羽が残っている。2016年10月26日 Ontario Canada MU

第1回冬羽 1w 雨覆、三列風切の黒斑が目立つ 2016年10月26日 Ontario Canada MU

第1回冬羽 1w（左）と第2回冬羽 2w 右の個体は成鳥に似るが、外側初列風切の先に黒斑が残るので、第2回冬羽とわかる。第2回冬羽の方が翼下面が暗色。2016年10月24日 Ontario Canada MU

幼羽→第1回冬羽 juv.→1w 頭頂が黒く肩羽にも幼羽が多く残る。

第1回冬羽 1w 翼上面には太くて明瞭なM字状のパターンが見られる。2016年10月26日 Ontario Canada MU

ヒメクビワカモメ

Rhodostethia rosea
Ross's Gull

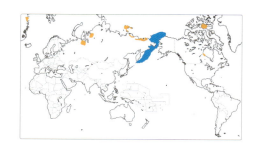

■**大きさ** 全長29～31cm、翼開長90～100cm。■**分布・生息環境・習性** グリーンランド、カナダ北部、ロシア北東部で繁殖し、冬もあまり南下しない。主に外海、沿岸部の海上に生息し、魚、軟体動物、甲殻類など水面近くの餌を採る。日本には数少ない冬鳥として、主に北海道東部沿岸に渡来し、青森県、茨城県、千葉県の記録もある。■**特徴** 小さな嘴、長く尖った翼、楔形の尾羽など、顕著な形態的特徴を持った小型カモメ。■**鳴き声** クァハ、クァハ、またはギャー、ギャーなど。

■**成鳥夏羽** 背の灰色はユリカモメよりやや淡くKGS：3-4（5）。頭は白くて後頭から喉にかけて黒線があり、黒い首輪状になる。嘴は黒くて短く、足も赤くて短い。体下面はピンク色を呈し美しい。初列風切は灰色で、アジサシ類のように後方へ長く突き出る。翼後縁は幅広い白色帯があり、尾羽は中央が突出し楔状になっている。類似種はいなくて識別は容易。

■**成鳥冬羽** 首輪状の黒線はなくなり、眼の後方に黒斑が出る。体下面のピンク色は淡くなる。

■**第2回冬羽** 成鳥冬羽とほとんど変わらないが、P7、P8、P9に小さな黒斑が見られる。初列雨覆に僅かに斑が残ることもある。

■**第1回夏羽** 黒い首輪が現れる個体もいるが、首輪にならない個体も多い。雨覆、三列風切、初列風切の黒褐色は褪色して褐色みが強くなる。

■**第1回冬羽** 丸い頭に小さな黒い嘴、眼の後方に黒斑がある。雨覆、三列風切の軸斑は黒に近い黒褐色。飛翔時は翼上面が太く明瞭なM字パターンになる。尾羽は中央が長く突き出て楔状で、外側数枚を除いて黒斑があり、黒帯を形成する。

■**幼鳥** 頭部は頭頂、眼の周囲からその後方、後頸が茶褐色。背から側胸も茶褐色で、肩羽、雨覆、三列風切は黒褐色の軸斑に淡色の羽縁がある。類似種クビワカモメ幼羽はよく似ているが、静止時は大雨覆の灰黒褐色部が明らかに多いことで識別できる。飛翔時は翼上面がM字状パターンにならないのと、尾羽が楔状ではないことで識別できる。ヒメカモメ幼羽も似ているが、体形がコンパクトで翼があまり長くないこと、尾羽が楔状ではないことなどで識別できる。

成鳥冬羽と第1回冬羽の群れ ad.w / 1w 2005年12月21日　北海道斜里郡　渡辺義昭

ヒメクビワカモメ

第1回夏羽 1s

第1回冬羽 1w

翼上面の太く明瞭なM字状パターンはヒメカモメ、ミツユビカモメと共通

幼羽 juv.

ヒメカモメに似るが尾羽は楔形。次列風切は白色で、暗色斑はない

ヒメクビワカモメと類似種　第1回冬羽の比較

ヒメクビワカモメ
Rhodostethia rosea

ヒメカモメ
Hydrocoloeus minutus

ミツユビカモメ
Rissa tridactyla

ヒメクビワカモメ

鳥冬羽 ad.w 強いピンク色を帯びている。横長い体形に比しアンバランスなほど短く小さな嘴は独特の雰囲気を醸し出している。足も短い。長く後ろに突き出した初列風切も特徴的。2009年1月3日　北海道　渡辺義昭

鳥冬羽 ad. w 左の個体は頭頂が灰色で眼の後ろの暗色斑が濃くて大きい。2005年12月21日　北海道　渡辺義昭

鳥冬羽 ad. w 美しいピンク色の2個体。2011年1月1日　北海道　先崎啓究

ヒメクビワカモメ

成鳥冬羽 ad. w 翼が長くて尖り、尾羽は楔形。
2005年12月27日 北海道 渡辺義昭

成鳥冬羽 ad. w 翼下面は翼後縁と腋羽以外は濃灰色。2005年12月27日 北海道 渡辺義昭

第1回冬羽 1w 雨覆の軸斑は黒っぽくて飛翔時、太いM字状パターンを形成する。2005年12月21日 北海道斜里郡 渡辺義昭

第1回冬羽 1w 丸く盛り上がった頭と、小さな嘴が特徴。2005年12月21日 北海道斜里郡 渡辺義昭

幼羽→第1回冬羽 juv.→1
肩羽を一部換羽しているか
ほぼ幼羽の個体。2000年
月15日 茨城県 西村雄二

楔形の尾羽 MU

ヒメクビワカモメ

1回冬羽の群れ 1w　2005年12月21日　北海道斜里郡　渡辺義昭

1回冬羽 1w　翼上面のM字パターン。楔状の尾。2005年12月8日　北海道　渡辺義昭

第1回冬羽 1w　翼下面は灰色部が多い。2005年12月8日　北海道　渡辺義昭

れ　2009年1月3日　北海道　渡辺義昭

ワライカモメ

Leucophaeus atricilla
Laughing Gull

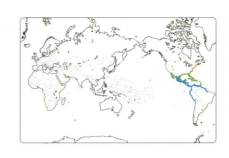

■**大きさ** 全長36〜41cm、翼開長95〜120cm。■**分布・生息環境・習性** アメリカ、メイン州から南の東海岸（*L. a. megalopterus*）、中米のメキシコ、ベネズエラ（*L. a. atricilla*）にかけて繁殖し、南米のブラジル、チリまで渡って越冬する。海岸線に多く、砂浜、干潟などに群れている。日本では夏期に単独で記録されることが多く、東京、神奈川、愛知、千葉、茨城、青森、兵庫、愛媛など10例以上の記録がある。■**特徴** ユリカモメよりわずかに大きい。背の灰色はウミネコよりやや淡く、ユリカモメよりは明らかに濃い。翼は長く尖り、嘴と足は長め。嘴は先端がやや下にカーブしているように見える。■**鳴き声** アアー、とアメリカズグロカモメと似た声。連続して鳴くと笑い声のように聞こえる。

■**成鳥夏羽** 背の灰色はユリカモメより濃いKGS：8-10。頭は頭巾状に黒く、ユリカモメより深く後頭まで及ぶ。眼の上下の白色縁取りの太さはユリカモメと同程度。嘴は赤く、足は暗赤色。夏羽後期には嘴、足とも黒色部が多くなる。初列風切先端の白斑は小さく、後期には擦り切れて目立たなくなる。類似種アメリカズグロカモメはやや小さく、全体にコンパクトな印象で嘴が短い。眼の白い縁取りは太くて目立つ。初列風切先端の白斑は大きい。飛翔時は翼が短く先はやや丸みがある。翼端の黒色と灰色部の間に白色帯が目立つ。

■**成鳥冬羽** 頭は白いが、眼の後方に灰黒色斑があり、頭頂でヘッドホン状につながる傾向がある。嘴は黒いが、先端に赤色が残ることも多い。足は黒い。初列風切先端に大きくはないが白斑がある。亜種 *megalopterus* は普通、P6まで黒斑があり、*atricilla* はP5まである。

■**第3回冬羽** 亜種 *megalopterus* 成鳥の初列風切の黒斑はP6までなので、P5に黒斑がある個体は第3回の可能性がある。8月上旬、第2回夏羽から第3回冬羽への換羽中の個体の観察で、全ての個体のP5に黒斑があるのが確認できた。

■**第2回夏羽** 頭は黒くなるが、完全な頭巾状になる個体から、ほぼ冬羽に近い個体まで個体差が大きい。静止時、初列風切先端に白斑は見られない。成鳥は初列雨覆、小翼羽が灰色だが、第2回では黒色部が多い。尾羽は白い個体から斑がある個体まで個体差がある。

■**第2回冬羽** 成鳥冬羽に似るが、初列雨覆、小翼羽に黒斑があり、初列風切先端の白斑はほとんど見られない。次列風切、尾羽に黒斑がある個体もいる。

■**第1回夏羽** 成鳥に近い羽衣になるが、頭の頭巾は不完全で、やや褐色みを帯び、雨覆にも褐色みがある。初列風切先端の白斑はない。

■**第1回冬羽** アメリカズグロカモメより嘴が長く、顔の黒色部が少ない。飛翔時、翼下面は腋羽などに暗色斑が多い。

■**幼羽** ウミネコ幼羽に似るが、一回り小さく、嘴、足が黒く、腹は白い。尾羽は基部に淡色部が目立つ。

成鳥夏羽 ad. s
亜種 *megalopterus*。夏羽前期は嘴が赤いが、後期は黒色が多くなる。初列風切の白斑は後期には擦り切れて目立たなくなる。背の灰色はウミネコよりやや淡い。2018年8月3日 New York USA OU

成鳥夏羽 ad. s 亜種 *megalopterus*。アメリカズグロカモメに似るが、翼が長くて尖り、先の黒色と灰色の間に白色帯がない。*megalopterus* の黒斑はP5まで。2018年8月5日 New York USA OU

成鳥または第3回夏羽 ad, or 3s 亜種 *megalopterus*。黒斑がP5まであり、小翼羽に黒斑があるので第3回夏羽の可能性がある。2018年8月3日 New York USA OU

成鳥冬羽 ad. w 亜種 *atricilla* と思われる。頭は白くなり、眼の後方に灰黒色斑があり、頭上に伸びる。この頭の斑はアメリカズグロカモメより少ない。2002年11月16日 千葉県 MU

成鳥冬羽 ad. w 外側初列風切は伸展中。成鳥でP5に黒斑があることから亜種 *atricilla* と思われる。翌シーズンもP5に黒斑が見られた。2002年9月18日 東京都 MU

ワライカモメ

ワライカモメ

第2回夏羽→成鳥冬羽 2s → ad. w ユリカモメと同大かやや大きい。黒い嘴、足は長く、背の灰色が濃い。2000年9月13日 愛知県 OU

第3回または第2回夏羽 3s or 2s 成鳥夏羽に似が、翼を開くと初列雨覆に黒色斑がある。2002 5月27日 茨城県 OU

第2回夏羽 2s 頭の色は完全な頭巾状になもの、白い部分が残るの、冬羽に近いものな個体差が大きい。201年8月3日 New YoUSA OU

第2回夏羽 2s 頭の黒色が完全な頭巾状になっている個体。New York USA OU

第2回夏羽→第3回冬羽 2s → 3w 亜種 *megalopterus*。外側初列大雨覆が成鳥のような灰色ではなく黒褐色。第3回冬羽のP5は成鳥と異なり黒斑がある。2018年8月3日 New York USA OU

ワライカモメ

1回夏羽→第2回冬羽 1s→2w 頭が完全な頭状になる個体は少ない。2018年8月3日 New York USA OU

第1回夏羽 1s 頭は灰黒褐色と白のまだら。初列風切は黒褐色。2003年5月25日 茨城県 西村雄二

1回夏羽→第2回冬羽 1s→2w 外側初列風切と側次列風切に幼羽が残っている。2018年8月3日 New York USA OU

第1回夏羽 1s 外側初列風切と次列風切は幼羽。2018年8月3日 New York USA OU

羽 juv. 亜種 *megalopterus*。新鮮な幼羽で、まだ初列風切が伸び切っていない。ウミネコ幼羽に似て るが、嘴、足が黒い。腹、上、下尾筒はウミネコより白い。2018年8月3日 New York USA OU

ワライカモメ

幼羽 juv. 亜種 *megalopterus*。この個体は初列風切が伸び切っている。各羽の羽縁が狭く、前ページ個体より暗色に見える。2018年8月3日 New York USA OU

幼羽 juv. 2018年8月4日 New York USA OU

幼羽 juv. 亜種 *megalopterus*。肩羽は鱗模様。第1回冬羽はこの部分が灰色の羽に変わる。腋羽の先半分は暗色。翼は細長く尖る。2018年8月5日 New York USA OU

アメリカズグロカモメ

Leucophaeus pipixcan
Franklin's Gull

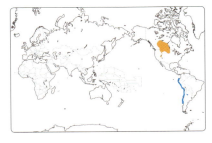

■**大きさ** 全長32〜38cm、翼開長85〜92cm。■**分布・生息環境・習性** カナダ南部、アメリカ北部の内陸の湖沼、湿原などで繁殖し、南米の西海岸で越冬する。高空を飛び回り昆虫を捕えたり、水面に浮いてカゲロウなどの昆虫、甲殻類などを嘴で摘まみ採ったりする。日本では迷鳥で京都、愛知、秋田、富山、大阪、東京、沖縄で記録がある。■**特徴** 3年で成鳥になる。ユリカモメより小さく、背の灰色は濃い。翼は短めで、先端は丸みがある。嘴、足も短め。年2回の完全換羽を行う。■**鳴き声** ミャーと丸みのある声。ミャーミャーミャーと続けて鳴くこともある。

■**成鳥夏羽** 背の灰色はユリカモメより濃くKGS:7-9。頭はユリカモメのような褐色みがなく黒みが強くて、後頭はより下部まで黒い。眼の上下の白い縁取りは太くよく目立つ。嘴と足は赤色、暗赤色で、嘴先端近くに黒斑があることが多い。初列風切先端には大きな白斑がある。飛翔時は翼先端の黒色と灰色部の間に、翼後縁からぐるっと回り込むように幅広い白色帯が入り込む。尾羽は中央が灰色で、外側ほど白色が多くなる。夏羽初期は体下面、翼下面など強いピンク色を帯びる。これは越冬期の餌、甲殻類などから摂取したカロテノイド色素によるもの。類似種ワライカモメはやや大きく背の灰色は濃い。嘴が長く、足も長い。眼の周囲の白色の縁取りは狭くて、初列風切先端の白斑も小さい。飛翔時は翼端の黒と灰色の間に幅広い白色帯はない。

■**成鳥冬羽** 類似種より頭の黒色が多く、眼の周囲、耳羽、頭頂を中心に、黒色部が多い。このため、眼の上下の白い縁取りが目立つ。嘴は主に黒色で先端が赤い。足は黒色、暗赤色、暗赤褐色。

■**第2回夏羽** 成鳥夏羽より初列風切の黒色が多い。翼端の黒色と灰色部の間の白色帯は成鳥より狭くてあまり目立たない。P10、P9外弁の黒条は長く伸びる。

■**第2回冬羽** 静止時、初列風切の黒色が多く、先端の白斑は成鳥より小さい。飛翔時も翼端に黒色部が多い。翼先端の黒色と灰色部の間の白帯は狭くて目立たない。初列雨覆、小翼羽に暗色斑が見られることが多い。

■**第1回夏羽** 頭の頭巾は普通不完全。初列風切先端の白斑は成鳥、第2回より小さい。飛翔時、初列雨覆、小翼羽に第2回より明瞭な暗色斑が見られる。

■**第1回冬羽** 他の種より眼の周囲、耳羽を中心に頭に黒色部が多く、嘴、足は黒い。背、肩羽はユリカモメより濃い灰色で、雨覆、三列風切には黒褐色の軸斑があり淡色の羽縁が見られる。初列風切の先端には小さな白斑がある。飛翔時は上面が暗色なのに対し、下面は翼端を除き白く見える。尾羽は先端が狭い黒帯になり、基部は灰色部が多い。類似種ワライカモメはやや大きく、嘴、足、翼が長い。頭の黒色は少なく、眼の白い縁取りはあまり目立たない。

■**幼羽** 頭、後頸、背、肩羽など第1回冬羽より褐色みが強い。嘴、足は黒い。

アメリカズグロカモメ

成鳥夏羽 ad. s
ワライカモメより全[体]にコンパクトで嘴も[小]さく、初列風切の白[斑]が大きい。体上面の[灰]色はユリカモメより[濃]く、ウミネコより[淡]い。中央尾羽は灰[色]なのがわかる。201[8]年4月27日 Albert[a,] Canada OU

成鳥夏羽 ad. s
初列風切の黒色の量[は]個体差が大きく、こ[の]個体は少なく、最も少[]ない範疇に入る。201[8]年4月26日 Albert[a,] Canada OU

成鳥夏羽 ad. s
交尾するつがい。オ[ス]のほうがやや大きい[。]頸から胸、腹、翼下面[]など、強いピンクを帯[]びる。翼先端はズグロ[]カモメ、ユリカモメ[、]ワライカモメほど尖ら[]ず、丸みがある。201[8]年4月27日 Albert[a,] Canada OU

アメリカズグロカモメ

成鳥夏羽 ad. s 夏羽初期は全体に強いピンク色を帯びる。2019年4月26日 Alberta Canada OU

鳥夏羽 ad. s 初列風切の黒色と灰色の間に白帯がぐるっと入り込む。黒色の量は標準的な個のみ。尾羽は外側を除き灰色。2019年4月26日 lberta Canada OU

成鳥夏羽 ad. s 初列風切の黒色が少なく、白色が多い個体。2019年4月26日 Alberta Canada OU

鳥夏羽 ad. s 初列風切の黒色は少なく、外側4のみ。2019年4月26日 Alberta Canada OU

第2回夏羽 2s P10、9の外弁の黒条が長く全体に黒色が多い。黒と灰色の間の白色帯は狭く目立たない。嘴の赤みも少ない。2019年4月26日 Alberta Canada OU

アメリカズグロカモメ

成鳥冬羽 ad. w　P10、P9はまだ伸展中。ワライカモメより嘴が短く、頭の黒色が多い。2017年9月3日 Alberta Canada OU

成鳥夏羽→冬羽 ad. s → w　P10とP9は旧羽／白色が多いことから成鳥とわかる。2005年9月2日 秋田県 西村雄二

成鳥冬羽 ad. w
初列風切はまだ伸展中。クロワカモメ羽（右）より一回り以上小さく、ユリカモメよりも少し小さい。2017年9月3日 Alberta Canada OU

成鳥冬羽 ad.w　外側初列風切は伸展中。2017年9月1日 Alberta Canada OU

第2回冬羽 2w　初列雨覆、小翼羽に暗色斑があり、初列風切の黒と灰色の間の白帯は目立たない。尾羽は外側を除き灰色。2017年9月1日 Alberta Canada OU

アメリカズグロカモメ

第1回冬羽 1w
幼羽から肩羽を灰色の第1回冬羽の羽に換羽している。後頸、上背も褐色みがなくなり白くなっている。2017年9月3日 Alberta Canada OU

幼羽 juv.
ほぼ完全な幼羽で、肩羽に一部灰色の第1回冬羽が出てき始めている。2017年9月3日 Alberta Canada OU

1回冬羽 1w 肩羽を幼羽から灰色の羽に換羽しいる。後頸から胸にかけては茶色から白に変わっいる。2017年9月1日 Alberta Canada OU

幼羽 juv. 頭、後頸、側胸の斑は褐色みが強い。下雨覆、腋羽はワライカモメと異なり白い。2017年9月1日 Alberta Canada OU

ゴビズキンカモメ

Ichthyaetus relictus
Relict Gull

■**大きさ** 全長38〜46cm、翼開長119〜122cm。■**分布・生息環境・習性** モンゴル、カザフスタン、中国の一部で繁殖。主に天津を中心とした渤海湾沿岸で越冬し、韓国でも少数越冬する。日本では稀な迷鳥で大阪、神奈川、福岡、鳥取で記録がある。内陸の湖沼で繁殖するが、越冬期は海岸の広い干潟、河口干潟などに群れで生息する。絶滅危惧種VU。■**特徴** ウミネコとほぼ同大か、やや小さめで、ユリカモメより一回り以上大きい中型カモメ。ずんぐりとした体形で嘴は太め、下嘴角が発達している。■**鳴き声** アーアッ、アー。アメリカズグロカモメに似ていてそれよりトーンが低い。
■**成鳥夏羽** 頭は頭巾状に黒く、眼の上下の白く太い縁取りが目立つ。背の灰色はユリカモメとほぼ同じ濃さKGS：4-5。嘴は暗赤色。短めでがっしりとしており、特に下嘴角が発達している。足も暗赤色。初列風切は黒く、各羽先端の大きな白斑が目立つ。飛翔時は外側初列風切5、6枚に黒斑が見られる。類似種ユリカモメは一回り以上小さくて嘴が細く、眼の白い縁取りは細い。初列風切に大きな白斑はない。チャガシラカモメは眼の白い縁取りが細く、虹彩は淡色。初列風切に目立つ白斑はない。ズグロカモメは一回り以上小さく、嘴に赤みはなく真っ黒い。体のサイズの割に初列風切が非常に長く尖っている。アメリカズグロカモメは全体によく似ているが、背が濃く、小さい。
■**成鳥冬羽** 頭は白くなり、後頭、後頸に細かい灰黒褐色斑がある。眼の後方の黒斑はない。嘴は暗赤色で先が黒く、足も暗赤色。
■**第3回夏羽** 成鳥と思われる個体の中に静止時、初列風切先端の白斑が明瞭に小さい個体が見られ、飛翔時も初列風切の黒色が多い。第2回のような初列雨覆、小翼羽の黒斑は見られない。夏羽では、頭が黒くなるのが大多数の成鳥より遅い。これらの個体は第3回の可能性が高い。
■**第2回夏羽** 初列風切先端の白斑はほとんど見られない。頭が黒くなるのは成鳥より遅いが、比較的完全な頭巾になる個体が多い。飛翔時は初列風切の黒色が成鳥、第3回より多く、小さなミラーが2個見られる。初列雨覆、小翼羽などに黒斑がある。
■**第2回冬羽** 成鳥より初列風切の黒色が多く、初列雨覆、小翼羽などに黒斑がある。静止時、初列風切先端の白斑は小さくて目立たない。ミラーが2個ある。
■**第1回夏羽** 頭が完全な頭巾になる個体は少ない。嘴、足は成鳥のように赤みが強くなる。
■**第1回冬羽** 他の小型カモメのような眼の後方の黒斑は見られない。後頸にスポット状の暗色斑が連なる。嘴は灰緑色で先は黒い。足も灰緑色で黒っぽく見える。ミラーは1、2個。翼後縁と尾羽の暗色帯はユリカモメなどと異なり点状に途切れることが多い。翼下面は下雨覆、脇羽が無斑なので白く見える。
■**幼羽** ユリカモメ、チャガシラカモメ、ズグロカモメより褐色みがなく、白っぽく見える。

成鳥夏羽 ad. s　頭部は黒く、眼を縁取る白色はユリカモメ、チャガシラカモメより太い。嘴はがっしりとして、下嘴角が発達していて目立つ。足は長くはなく、太めで頑丈な印象を受ける。頸を伸ばし、背伸びをするような姿勢をよくする。2017年3月6日 Tianjin China　OU

ゴビズキンカモメ

成鳥夏羽 ad. s　背の灰色の濃さはユリカモメと同等か、やや淡い傾向がある。2017年3月6日 Tianjin China　OU

成鳥冬羽→夏羽 ad.w→s　左のユリカモメより一回り以上大きく、がっしりとした体つきをしている。2017年3月7日 Tianjin China　OU

275

ゴビズキンカモメ

第3回夏羽（推定）3sと成鳥夏羽ad. s（右） 左の個体は初列風切先端の白斑が小さく、黒色部が多い。P10の裏は先端近くに太い黒帯が目立ち、ミラーに続く基部も黒色。このような個体は頭の頭巾が完全に黒くなるのは成鳥より遅れる傾向が強く、成鳥になりきっていない可能性が高い。第2回夏羽とは初列風切先端の白斑が目立つこと、初列雨覆に黒斑がないことで区別できる。2017年3月7日　Tianjin China　OU

第3回冬羽（推定）3w 後方の成鳥より初列風切先端の白斑が明瞭に小さい。成鳥は夏羽に換羽しているが、この個体は冬羽のまま。2017年3月7日 Tianjin China　OU

第2回冬羽 2w 初列風切の白斑がなく、初列雨覆に黒斑がある。第3回冬羽は初列風切の白斑が目立ち、初列雨覆の斑がない。2017年3月6日 Tianjin China　OU

第2回冬羽 2w 成鳥、第3回冬羽に似るが初列風切先端の白斑がほとんどない。2017年3月6日 Tianjin China　OU

第1回冬羽 1w 雨覆、三列風切、初列風切は摩耗褪色が激しい。2017年3月6日 Tianjin China OU

ゴビズキンカモメ

第1回冬羽 1w
他の多くの小型カモメのような眼の後方の黒斑がない。嘴は灰緑色で、先端は黒い。第2回冬羽は雨覆、三列風切が灰色で無斑。2017年3月6日 Tianjin China　OU

成鳥夏羽 ad.s
初列風切の黒色の量は標準的な個体。嘴、足は暗赤色。2017年3月6日 Tianjin China　OU

成鳥夏羽 ad.s
初列風切の黒色が少ない個体。2017年3月7日 Tianjin China　OU

277

ゴビズキンカモメ

成鳥冬羽→夏羽 ad. w→s 翼端の黒色は成鳥の中では多めの個体。ミラーが3個あるように見える。2017年3月6日 Tianjin China OU

第3回冬羽（推定）3w 成鳥より初列風切の黒が多く、先端の白斑が小さい。多くの成鳥は頭が〇くなっているのに、冬羽のまま。2017年3月6〇 Tianjin China OU

第3回夏羽（推定）3s 初列風切のパターンは成鳥より黒色が多く第2回夏羽に似ているが、初列風切先〇に白斑が目立ち、初列雨覆、小翼羽に黒斑がない。頭の頭巾の完成は成鳥より遅れる傾向が強く、この個〇も顔前方が白い。2017年3月7日 Tianjin China OU

第2回冬羽 2w
成鳥より初列風切の黒〇が多く、初列大雨覆〇翼羽に黒斑がある。〇ラーも小さい。2017〇3月7日 Tianjin Chi〇 OU

2回夏羽 2s 頭の頭巾はまだ不完全。初列大雨覆に成鳥、第3回にはない黒斑がある。2017年3月6日 Tianjin China OU

第2回冬羽 2w 成鳥、第3回より初列風切の黒色が多く、初列大雨覆にも黒斑がある。2017年3月7日 Tianjin China OU

第1回冬羽 1w 翼後縁次列風切の暗色帯は点状に途切れて連なる。ミラーは1個の個体と2個の個体がいる。翼下面は下初列雨覆、下雨覆、腋羽が無斑で白く、全体に白っぽく見える。2017年3月6日 Tianjin China OU

ゴビズキンカモメ

オオズグロカモメ

Ichthyaetus ichthyaetus
Pallas's Gull

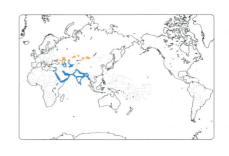

■**大きさ** 全長57〜61cm、翼開長149〜170cm。■**分布・生息環境・習性** ウクライナからカザフスタン、モンゴルで繁殖し、日本には冬鳥として1羽から数羽、九州地方に局所的に25年余り長期間連続渡来していたが、2015年以降、観察報告がない。繁殖期は内陸の湖沼などに生息し、非繁殖期は海岸、河口、干潟などで魚類、水生小動物、昆虫類などを餌として越冬する。■**特徴** 頭が黒い頭巾状になる種の中では群を抜いて大きく、セグロカモメよりやや大きい。頭の形が特徴的で、額が低く、頭の最も高い部分がかなり後方にある独特の形となる。嘴は直線的で太くて長い。翼は細長く、先端はやや丸みがある。
■**鳴き声** アーアッ、アーアとゴビズキンカモメに似た声で鳴くが、より太くトーンは低い。
■**成鳥夏羽** 頭は頭巾状に黒く、眼の上下に白い縁取りがある。頭巾はユリカモメより深く、後頭まで黒い。頭が黒くなるのは早く、2、3月には黒くなった個体が多い。嘴は黄色く、先端近くに黒帯があり、その内側が赤い。足も黄色い。背の灰色はセグロカモメよりやや淡く、ユリカモメより濃いKGS：5-7。
■**成鳥冬羽** 頭は白くなり、眼の周囲とその後方に黒斑がある。
■**第3回夏羽** 成鳥に似るが、静止時は初列風切の白斑が小さく見える。飛翔時、小翼羽、初列雨覆、尾羽などに黒斑があり、これらは第2回夏羽よりは少ない。
■**第3回冬羽** 成鳥冬羽に似るが、初列風切の白斑が小さく、飛翔時は小翼羽、初列雨覆、尾羽に第2回冬羽よりは少ない黒斑が見られる。
■**第2回夏羽** 第3回夏羽に似るが、初列風切先端の白斑はほとんどない。飛翔時、初列風切の黒色が多く、小翼羽、初列雨覆も第3回夏羽より黒斑が多い。尾羽は第1回より狭いが、ほぼ完全な黒帯がある。
■**第2回冬羽** 静止時は成鳥冬羽に似るが、初列風切先端に目立つ白斑はない。飛翔時は初列風切の黒色が多く、初列雨覆、小翼羽にも黒斑が多く見られる。
■**第1回冬羽** 嘴は先端3分の1が黒く基部は肉色。足は黄色。肩羽の多くは灰色に換わる。後期には雨覆、三列風切の多くも灰色の羽に換羽し、一見、第2回冬羽のような外見になる。
■**幼羽** 嘴は主に黒く、基部は肉色みがある。足は肉色で黄色みを帯びる。眼の周囲と後方は茶褐色。後頸と胸、背も同色の斑があり、肩羽、雨覆は軸斑が黒褐色で淡色の羽縁がある。腹、下尾筒は主に白い。上尾筒も白く、暗色の小斑がある。尾羽は基部が白く、先端に幅広い黒帯がある。

オオズグロカモメ

成鳥夏羽 ad. s
大型カモメで頭が黒くなるのは本種だけ。夏羽への換羽は早く、すでに頭が黒くなっている。背の灰色はセグロカモメよりやや淡い。嘴は黄色く、先端近くに黒と赤の斑が目立つ。2018年2月7日 Sharjah UAE MU

成鳥夏羽 ad. s 頭の形は独特で、額が低く、ピークがかなり後ろにくる。2018年2月7日 Sharjah UAE MU

成鳥夏羽 ad. s 他の大型カモメと異なり、翼外側に大きな白色部がある。2018年2月7日 Sharjah UAE MU

成鳥夏羽 ad. s
翼端の黒色は先端寄りに限られ、白色部が多い。夏羽への換羽は早く、すでに頭が黒くなっている。2018年2月7日 Sharjah UAE MU

オオズグロカモメ

成鳥夏羽 ad. s 翼前縁初列風切部は三角状の大きな白色部がある。黒色は先端寄りに限られる。
2018年2月7日 Sharjah UAE MU

第2回冬羽→夏羽 2w→s 静止時は成鳥に近い羽衣だが、初列風切先端の白斑は小さく目立たない
2018年2月7日 Sharjah UAE MU

第3回冬羽 3w
初列風切の黒色が成鳥より多く、小翼羽に黒斑が残る。第2回冬羽とは、外側初列風切先端の白斑が目立ち、初列雨覆、小翼羽の黒色がわずかしかないことで識別可能。2018年2月8日 Sharjah UAE MU

第2回冬羽→夏羽 2w→s
成鳥とは、嘴の黒斑が幅広く、初列風切先端の白斑が目立たないことで区別できる。頭は黒くなり始めている。飛翔時は初列雨覆、小翼羽、尾羽に黒斑が目立つ。2018年2月7日 Sharjah UAE MU

オオズグロカモメ

第2回冬羽→夏羽 2w→s
成鳥、第3回冬羽とは、嘴の黒斑が幅広く、初列風切先端の白点が目立たないことで区別できる。成鳥は尾羽、初列雨覆、小翼羽に黒斑がない。翼がほかの大型カモメより細長いのがわかる。2018年2月8日 Sharjah UAE MU

第2回冬羽 2w
成鳥より初列風切の黒色が多く、初列雨覆、小翼羽に黒斑が残る。嘴の黒斑も多くほぼ先端まで黒い。2018年2月7日 Sharjah UAE MU

第2回冬羽 2w 小さなミラーが2個ある。2018年2月7日 Sharjah UAE MU

第1回冬羽 1w 2018年2月7日 Sharjah UAE MU

オオズグロカモメ

第1回冬羽 1w
背、肩羽はほかの小か
カモメ同様灰色に
り、雨覆も灰色部が
くなる。嘴は先端
が幅広く黒色で、
斑はない。後方に
るのはハシボソカ
メ。2018年2月7
Sharjah UAE MU

第1回冬羽 1w
頭の形は特徴的。額
扁平で、ピークがか
り後方にくる。第2
冬羽より嘴の黒斑が
いのが普通。尾羽に
幅広い完全な黒帯が
る。2018年2月7
Sharjah UAE MU

第1回冬羽 1w
静止時は全体に灰色
の羽に換わってい
が、翼を開くと初列
切、次列風切など黒
色の幼羽なのがわ
る。2018年2月7
Sharjah UAE MU

ウミネコ

Larus crassirostris
Black-tailed Gull

■**大きさ** 全長46〜48cm、翼開長118〜124cm。■**分布・生息環境・習性** 日本とその近海に生息し、サハリン、千島列島、中国大陸、台湾の沿岸で見られ、世界的に見れば分布が限られた種。日本では沿岸の半島や島で繁殖するが、都市のビル屋上で繁殖することもある。繁殖期以外は河口、干潟、港などに生息し、大きな群れとなる。河川中流にも少数現れる。主に魚を食べ、甲殻類ほか、ごみ埋め立て地でのゴミ漁りもする。■**特徴** セグロカモメとユリカモメの中間的な大きさの中型カモメ。
■**鳴き声** ミャーッ、ミャーッまたはアーッ、アーッと鳴く。
■**成鳥夏羽** 夏羽になるのは早く、1月にはもう頭が白くなっている。背の灰色は濃くてカモメ、セグロカモメより濃いが、オオセグロカモメよりは少し淡いKGS：8-9.5。虹彩は淡い黄色。嘴は濃い黄色で先端近くに黒帯があり、先端と下嘴黒斑の内側に赤斑がある。足も鮮やかな黄色。尾羽には幅広い黒帯がある。飛翔時、翼端にミラーがない個体が多いが、P10に小さなミラーがある個体も稀ではない。
■**成鳥冬羽** 頭には灰褐色の斑が現れる。類似種カモメは背の灰色が淡く、嘴は小さめでウミネコのような先端の黒と赤の明瞭な斑はなく、無斑か暗褐色の斑があるだけ。三列風切先端の白色部は幅広い。尾羽は白色で黒帯はない。翼上面はウミネコのように一様には見えず、灰色部と黒色部の濃さの差がはっきりしている。黒色部には大きな2個のミラーがある。
■**第3回冬羽** 嘴、足の色は成鳥より鮮やかさを欠き、灰緑色みを帯びる。嘴先端の斑は黒色が多く赤色は少ない。雨覆、三列風切の暗灰色は成鳥より褐色みがあり、初列風切先端の白斑はほとんど見られない。初列雨覆、小翼羽は暗色斑が多く、次列風切の白色部にも暗色斑が見られる。尾羽の黒帯は成鳥より幅広い。
■**第2回冬羽** 嘴、足の黄色みは弱く、灰緑色や肉色みを帯びる。嘴先端は黒色部が多く、赤斑は少ない。肩羽、中雨覆、三列風切は主に暗灰色で、大雨覆、小雨覆を中心に、黒褐色に淡色の羽縁がある羽が見られる。尾羽はほぼ一様に黒い。
■**第1回冬羽** 嘴は先3分の1が黒く、基部はピンク。頭部は眼から後ろはチョコレート色で、眼から前方は淡色。胸から腹は暗灰褐色。下腹から下尾筒は白っぽく、暗褐色の斑がある。肩羽は暗色の軸斑と淡色の幅広い羽縁がある。類似種カモメは嘴が小さく、頭から胸、腹にかけてはウミネコのように一様に濃いチョコレート色ではなく淡色部分が多い。翼上面は内側初列風切が淡色でウインドを形成する。尾羽は基部に白色部がある。
■**幼羽** 全体にチョコレート色で、体上面は各羽の淡色の羽縁が目立ち鱗模様となる。

ウミネコ

成鳥夏羽 ad. s 背の灰色はオオセグロカモメよりや や淡く、セグロカモメより濃い。夏羽への換羽は早く、 12月から頭が白くなる個体がいて、1月には多くの 個体が白くなる。2019年1月29日 千葉県 OU

成鳥冬羽 ad. w 秋には頭に灰褐色斑が強く現れ その後、冬にかけてだんだん白くなる。初列風切 まだ伸び切っていない。2016年10月16日 神 川県 OU

成鳥夏羽 ad. s カモメ（右）より嘴 大きく、黒と赤の斑 目立つ。背の灰色は く、三列風切の白色 が狭い。初列風切先 の白斑の大きさの差 よくわかる。ウミネ は1月から夏羽だ カモメは主に4月 り夏羽になる。20 年2月27日 千葉 OU

第3回夏羽 3s 雨覆、三列風切に褐色みがある。 初列風切先端の白斑はほとんどない。2018年4月 2日 千葉県 OU

第3回冬羽 3w（手前） 後ろの成鳥より嘴、足が 緑色を帯びる。雨覆に褐色みがあり、嘴の赤斑 少ない。2005年10月13日 神奈川県 OU

第2回夏羽 2s 冬羽より嘴は鮮やかな黄色になり、斑が目立つ。2018年4月3日 千葉県 OU

第2回冬羽 2w 肩羽、雨覆の灰色の羽の中に、褐色に淡色の羽縁がある羽が混在する。2011年10月24日 神奈川県 MU

第2回冬羽 2w 肩羽や雨覆に灰色の羽がまだあまり出ていない。2009年10月1日 千葉県 MU

第1回夏羽 1s 嘴が黄色くなり、赤斑が僅かに見られる。2017年5月21日 神奈川県 OU

第1回冬羽 1w 全体に暗色だが、顔と下腹、下尾筒は白色部が多い。2018年11月26日 千葉県 MU

ウミネコ

ウミネコ

第1回冬羽 1w 前頁下の個体より肩羽が淡色。嘴はピンクで先が黒く、その境は明確に区切られている。2018年11月26日 千葉県 MU

幼羽 juv. 全体に濃いチョコレート色で下腹、尾筒は白色部が多い。体上面は鱗模様に見える 2006年8月13日 千葉県 MU

成鳥夏羽 ad. s ミラーはない個体が多いが、1個の個体も少なくない。2019年2月18日 千葉県銚子市 OU

成鳥冬羽 ad. w 尾羽の黒帯は第3回冬羽より狭い、この個体は特に狭い。ミラーがない個体。2016年 11月21 千葉県 OU

第3回夏羽 3s 次列風切の白色帯に黒斑があることが多い。尾羽の黒帯は成鳥より幅広い。2018年3月13日 千葉県 OU

第3回冬羽 3w 成鳥より雨覆に褐色みがある。第2回は次列風切が黒褐色だが、第3回は白くて暗色斑がある。2016年12月5日 千葉県 MU

第2回夏羽 2s 嘴は黄色くなっている。内側初列風切は換羽が始まっている。2017年5月21日 神奈川県 OU

第2回冬羽 2w 尾羽は基部まで一様に黒い。次列風切も一様に黒褐色。2011年10月24日 神奈川県 MU

第2回冬羽 2w 次列風切は第3回と異なり黒褐色。2019年2月18日 千葉県 OU

第1回夏羽 1s 内側初列風切を換羽中。嘴は黄色い。2017年5月21日 神奈川県 OU

第1回冬羽 1w 翼下面はカモメより一様に暗色の傾向が強い。2018年3月13日 千葉県 OU

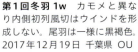

第1回冬羽 1w カモメと異なり内側初列風切はウインドを形成しない。尾羽は一様に黒褐色。2017年12月19日 千葉県 OU

カモメ

Larus canus
Mew Gull

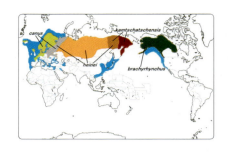

■**亜種** 4亜種あり、日本には冬鳥として九州以北に亜種カモメ *L. c .kamtschatschensis*、亜種コカモメ *L.c. brachyrhynchus*、亜種ニシシベリアカモメ *L.c.heinei* が渡来している。亜種ニシカモメ *L. c .canus* の記録はない。なお *brachyrhynchus* は独立種とされることもある。主に海岸線、河口、港、干潟、池、などで越冬する。■**鳴き声** ウミネコより甲高くて細い声でミャーまたはアーと鳴く。

亜種カモメ　*Larus canus kamtschatschensis*　Kamchatka Gull

■**大きさ**　全長44〜52㎝、翼開長105〜135㎝。■**分布・生息環境・習性**　極東ロシアで繁殖、主に日本、韓国、中国などで越冬する。日本で見られるのはほとんど本亜種。■**特徴**　4亜種中最も大きく、嘴も大きい。翼は短め。雄の大きい個体はウミネコと同大で、嘴が長く額が低くて、大型カモメに近い印象を受けることがある。飛翔時は嘴が長く頭部が大きいため、翼より前方への突出が他の亜種より長く見える。

■**成鳥夏羽**　頭は白色で嘴、足は橙黄色。嘴に暗色斑はない。背の灰色は4亜種中最も濃いKGS：6-9。

■**成鳥冬羽**　頭の斑は多めで強く明瞭。筋状に出る傾向が強い。嘴にさまざまな程度に暗色斑が出る個体が少なくない。虹彩は暗色から淡色まで個体差がある。

■**第3回冬羽**　初列風切先端の白斑が成鳥より小さく、P 10、P9（P8）は白斑を欠くことが多い。頭と嘴の斑は成鳥より多い傾向があり、嘴、足の色は鈍い傾向がある。ただこれは成鳥、第3回とも個体差が大きい。小翼羽、初列大雨覆に黒斑が残ることが多く、稀に三列風切、尾羽にも残ることがある。ミラーは成鳥より小さい傾向が強い。

■**第2回冬羽**　静止時、初列風切先端に目立つ白斑は見られない。嘴の黒斑は成鳥より多いが、先端まで黒斑がある個体、先端は黒斑を欠く個体、黒斑が少なく、第3回冬羽程度の個体など個体差が大きい。雨覆は灰色の羽と、褐色で淡色の羽縁が目立つ羽が混在する。飛翔時は初列風切、初列雨覆、小翼羽に第3回冬羽より多い黒斑が見られる。尾羽にはさまざまな程度に黒斑が残る。斑がほぼない個体、完全な黒帯になる個体など、個体差が大きい。

■**第1回夏羽**　雨覆は褪色して白くなり、全体に白っぽくなる。

■**第1回冬羽**　肩羽を幼羽から灰色の第1回冬羽に換羽する。この換羽は4亜種の中で最も遅く、2、3月でも多く幼羽を保持した個体が見られる。

■**幼羽**　全体に鱗模様に見え、嘴は第1回冬羽と異なり、基部にも暗色部が広がる。

亜種ニシシベリアカモメ　*Larus canus heinei*　Russian Common Gull

■**大きさ**　全長40～45㎝、翼開長100～130㎝。■**分布・生息環境・習性**　ロシアの東端を除く地域で広く繁殖し、生息域の東端では亜種カモメ、西端では亜種ニシカモメと分布が重なり、中間的個体が見られる。主に黒海、カスピ海から中国にかけての沿岸で越冬。日本では亜種カモメに混じって少数越冬し、亜種コカモメより多い。■**特徴**　全年齢を通じ頭、体下面の白さが目立つ。亜種カモメよりやや小さく、嘴も小さい。頭は額が高く頭頂が平らな傾向が強い。静止時、初列風切は長く後ろに突き出る。飛翔時も翼が長く、先が尖がる。

■**成鳥夏羽**　頭は白色で嘴、足は黄色または橙黄色。嘴の暗色斑は冬羽では目立つが夏羽では減少、または消失する。背の灰色の濃さの値はKGS：5-9と幅広いが、亜種カモメより淡い傾向が強い。

■**成鳥冬羽**　頭は斑が少なく亜種カモメより白く見え、ほとんどの個体の嘴先端近くに暗色斑がある。飛翔時は他の亜種より翼先端の黒色が多く、白色は少ない。黒色はP5またはP4まであり、P5は完全な帯状になるのが普通。P7のムーンは亜種カモメより小さく、ごく細い三日月状になる個体も多い。内側初列風切先端の白色が連なってできる白帯の幅は3亜種中最も狭い。

■**第3回冬羽**　成鳥より嘴の黒斑が多く、頭の斑も多い傾向が強い。初列風切先端の白斑は小さく、P10、P9、P8の斑を欠くことが多い。翼端のミラーは小さく、小翼羽、初列雨覆に黒斑がある個体が多い。

■**第2回冬羽**　亜種カモメより成鳥に近い姿になる傾向があるが、個体差がある。頭は白く斑は少ない。後頸の斑は個体差があり、比較的多いこともある。

■**第1回冬羽**　他の2亜種より白い。尾羽は先端の狭い黒帯以外は純白で上尾筒、下尾筒も純白なのが典型的だが、少量の斑がある個体も稀ではない。腋羽も先端に暗色の縁取りがある以外は白く、各羽に横斑はない個体が多い。稀に翼下面全体が暗色の個体や内側腋羽に少量の横斑がある個体もいる。

■**幼羽**　頭頂、後頸、背、脇など褐色斑がある。

亜種コカモメ　*Larus canus brachyrhynchus*　Short-billed Gull

■**大きさ**　全長38～45㎝、翼開長100～120㎝。■**分布・生息環境・習性**　日本には毎年少数渡来するが、3亜種中、最も少ない。北アメリカの主にアラスカからカナダ北西部にかけて繁殖。主に北米西海岸の海岸線で越冬する。■**特徴**　3、4年で成鳥になる。4亜種の中で最小。嘴が短小で頭は最も丸みがある。静止時、頭と嘴が小さく初列風切が長いため、後部が長い印象を受ける。足は短め。尾羽の先端は普通P6先端と並ぶ。飛翔時は翼が細長く、頭、嘴が小さいため、翼より前方が短く見える。頭から頸の灰褐色斑はソフトで、斑と斑の境が不明瞭にぼんやりと広がり、全体に一様に見える傾向が強い。

■**成鳥夏羽**　頭は純白で、嘴、足の黄色は冬羽より鮮やかになる。眼瞼は赤色。背の濃さはKGS：6-8で、亜種カモメよりやや淡色に見えることが多い。

■**成鳥冬羽**　頭に灰褐色の斑が出て、嘴、足の黄色は鮮やかさを欠き、眼瞼は赤みを欠く。亜種カモメより小さく、頭から頸の

斑が筋状や強い明瞭な斑ではなく、柔らか
で、もやっとした一様な斑の傾向が強い。
ただ額、頭頂、前胸などは点や筋状の斑に
なる傾向もある。初列風切の黒色は少なく
白色が多い。特に大部分の個体にＰ8の
ムーンが明瞭に見られるのが特徴。ただ亜
種カモメにもＰ8にムーンがある個体が少
なからずいるので、形態の違いに注目す
る。翼後縁の白帯、特に内側初列風切部が
幅広い。ただ、多少の個体差、年齢による
差もある。

■**第3回冬羽**　初列雨覆、小翼羽、稀に尾
羽に小黒斑が残る。初列風切先端の白斑が
小さく、Ｐ10、Ｐ9の白斑を欠くことが多
い。頭の灰褐色斑、嘴の暗色斑が成鳥より
多い傾向があるが、どちらも個体差があ
る。

■**第2回冬羽**　亜種カモメに似るが、初列
風切、初列大雨覆の暗色部が少なく、灰色

部が多い。ただし、成鳥でコカモメと同じ
翼のパターンの亜種カモメがいるのと同
様、第2回にもいるので、他の特徴も併せ
た総合的な判断が必要。

■**第1回冬羽**　換羽した肩羽は、他の亜種
より灰色味が弱く、淡い褐色味を帯びた灰
色に淡色の羽縁があることが多い。他の亜
種同様、一様に灰色になることもある。初
列風切は他の亜種より淡色で、羽先に淡色
の縁取りがある傾向が強い。尾羽は黒帯が
幅広く、基部まで暗色の個体と、基部に多
少白色小斑が混じる個体がいる。上、下尾
筒は太い横斑が密に並ぶ。

■**幼羽**　肩羽、雨覆、三列風切の軸斑は丸
みがあり、羽縁が狭く、その内側にサブ
ターミナルバンドがある傾向が強い。内側
大雨覆にクロワカモメに似た切れ込み模様
がある個体もいる。

3 亜種の識別

■大きさ、形態

大きさ　最も大きいのはカモメで、コカモ
メが最も小さい。嘴も同様。

頭の形　最も丸いのはコカモメ。ニシシベ
リアは額が高く頭頂が平らな傾向が強い。
カモメは丸みはあるが最も額が低い。

■成鳥冬羽

頭の斑　ニシシベリアが最も頭が白く斑が
少ない。主に頭頂と後頸に細く鋭い斑があ
るのみ。コカモメは斑の質が柔らかで、も
やっとした斑は特徴的。カモメは筋状の強
く明瞭な斑。

背の濃さ　3亜種とも濃淡の幅が大きいが、
最も濃いのがカモメで、コカモメとニシシ
ベリアはほぼ同程度だが、ニシシベリアが
やや淡いことがある。

嘴の暗色斑　ニシシベリアはほとんどの個
体にある。他の2亜種は斑がない個体から、
比較的明瞭な斑がある個体まで個体差が大

きい。

初列風切のパターン　最も黒色が多いのが
ニシシベリアで、少ないのがコカモメ。ニ
シシベリアはＰ7のムーンが小さく、カモ
メは大きい。ただし、両亜種とも例外があ
る。コカモメはほとんどの個体のＰ8に
ムーンがあるが、ニシシベリアにはなく、
カモメはない個体の割合が多いが、ある個
体も少なくない。翼後縁、内側初列風切部
の白帯はコカモメが最も幅広く、ニシシベ
リアは最も狭い。

■第2回冬羽

頭の斑　成鳥冬羽の場合と同じ。

初列風切のパターン　コカモメは他の2亜
種より識別が容易。黒色部が少なく、Ｐ8
外弁が初列雨覆に届かない個体が多い。

初列大雨覆の暗色斑　コカモメは先端に点
状に暗色斑が並び、基部は灰色だが、他の
2亜種は基部に向けて暗色条が伸びる。た

だし例外もある。

■第1回冬羽

頭の斑　成鳥冬羽の場合と同じ。

尾羽　ニシシベリアが最も白く、先端に狭い黒帯がある以外は純白。最も暗色なのがコカモメで、基部まで暗色の個体が多い。カモメは両亜種の中間で、コカモメとはかなりの部分でオーバーラップする。

上、下尾筒　ニシシベリアが最も白く、純白の個体が多くて、少量斑がある個体もいる。最も暗色なのがコカモメで、太い横斑が密に並ぶ。カモメは両亜種の中間的。

腋羽　ニシシベリアが最も白く、各羽の先がV字に縁取られるのみ。コカモメが最も暗色で、一様に褐色の傾向がある。カモメは両亜種の中間的になる傾向が強い。ニシシベリア以外は変化が多く、あまり識別の補助にはならない。ただニシシベリアにも稀に暗色の個体がいる。横斑はカモメが最も多く見られ、ニシシベリアはほとんど見られない。コカモメはない個体が多いが、横斑が現れる個体も稀ではない。

亜種カモメ *Larus canus kamtschatschensis*

亜種カモメ

成鳥夏羽 ad. s 頭は白く、嘴は橙黄色で大型カモメのような赤斑はない。足は黄色。2012年4月9日　東京都　MU

成鳥冬羽 ad. w 他の亜種より大きく、嘴も大きい背の灰色は最も濃い。2018年2月27日　千葉OU

成鳥冬羽 ad. w 頭は灰褐色の斑があり、虹彩は淡色の個体。嘴は黄色く、上下嘴に暗色斑がある。2018年2月27日　千葉県　OU

第3回冬羽 3w 頭の斑が多く嘴に暗色斑がある。P10〜P7の白斑を欠く。飛翔時には初列雨覆、小翼羽に黒斑が見られる。2018年2月27日　千葉県　OU

第3回冬羽 3w 初列風切の白斑が小さく、翼を開くと小翼羽、初列雨覆に黒斑が見られる　2019年3月12日　千葉県　OU

亜種カモメ

2回冬羽 2w 亜種カモメの第2回冬羽として標的な姿。2016年12月5日 千葉県 MU

第2回冬羽 2w 全体に頑丈で大きめ、嘴も太く、雄の可能性が考えられる。2019年3月12日 千葉県 OU

2回冬羽 2w 雨覆の灰色が多く、第3回冬羽の衣に近い印象の個体だが、嘴の暗色斑は多く、尾に斑が残る。2018年2月27日 千葉県 OU

幼羽 juv. 暗色で非常に大きい個体。2017年12月11日 千葉県 OU

幼羽 juv. 後方はウミネコ幼羽。ウミネコほど暗色ではなく、嘴は小さくて基部は黒味がかる。2011年11月7日 神奈川県 MU

301

亜種カモメ

第1回冬羽 1w 亜種カモメ第1回冬羽として平均的と思える個体。2016年12月19日 千葉県 MU

第1回冬羽 1w 褪色が進みやや白っぽくなった体 2018年2月27日 千葉県 OU

第1回冬羽→夏羽 1w→s 春になり、褪色が進み白くなった個体。2018年4月3日 千葉県 OU

成鳥冬羽 ad.w 初列風切のパターンが亜種カモメとして平均的と思える。P7のムーンは大きめで形。2017年4月4日 千葉県 OU

成鳥冬羽 ad. w 頭と嘴の暗色斑が多い個体。P8に小さなムーンがある。P7のムーンは亜種ニシシベリアカモメより明らかに大きい。2016年12月19日 千葉県 MU

成鳥冬羽 ad. w P8にムーンがある個体は少ない。頭、嘴が大きく、翼が短めで、形態は亜種モメとして典型的なので、亜種コカモメではない思われる。2017年2月14日 千葉県 OU

亜種カモメ

成鳥冬羽 ad. w　ミラーが3個ある個体もよく見られる。2019年3月25日　千葉県　MU

第3回冬羽 3w　小翼羽に暗色斑があり、ミラーが成鳥より顕著に小さい。2017年1月31日　千葉県　OU

第3回冬羽 3w　ミラーが小さめで、小翼羽に明瞭に暗色斑がある。P8からP10の先に白斑がない。嘴の色が鈍く、暗色斑がある。後頸から胸に暗色斑が多い。2019年1月19日　千葉県　OU

第2回冬羽 2w　第3回より嘴に黒斑が多く、雨覆に褐色の羽が多く残る。小翼羽、初列雨覆も暗色斑が多い。ミラーが大きい。2018年3月27日　千葉県　OU

第2回冬羽 2w　第2回冬羽としては嘴の暗色斑が少ない個体。2018年4月3日　千葉県銚子市　OU

第2回冬羽 2w　尾羽に幅広い黒帯がある。ミラーは1個。2016年3月15日　千葉県　OU

303

亜種カモメ

幼羽 juv. 尾羽は一様に暗色で、コカモメに似たパターンの個体。2017年2月14日　千葉県　OU

第1回冬羽 1w 尾羽はこのパターンの個体が最も多い。2017年2月14日　千葉県　OU

第1回冬羽 1w 尾羽はカモメ、コカモメに共通したパターン。2017年12月19日　千葉県　OU

第1回冬羽 1w 尾羽、腋羽など、ややニシシベリアカモメに似た個体。2018年4月2日　千葉県　O

第1回冬羽 1w 腋羽に横斑が並んでいる　2018年2月27日　千葉県　OU

第1回冬羽 1w 翼下面、腋羽が一様に暗色の個体。2016年12月19日　千葉県　MU

亜種ニシシベリアカモメ Larus canus heinei

亜種ニシシベリアカモメ

鳥夏羽 ad. s　頭部は白く、嘴は小さめで暗色斑がある。暗色斑は夏羽では縮小、または消失する。亜種カモメより小さめで、背はやや淡色。外側初列風切の黒色は多く、P6、P7外弁の黒条は長い。P7のムーは亜種カモメより小さい。2017年4月3日　千葉県　MU

成鳥冬羽（右）ad. w
頭部はほぼ白く、後頸に僅かに細い褐色斑がある。亜種カモメ（左）より額がやや高く、頭頂が平らな傾向がある。嘴先端近くに明瞭な暗色の帯がある。この個体は背の灰色が周囲の亜種カモメ6個体より明瞭に淡色。2011年3月8日　千葉県　MU

鳥冬羽 ad. w　亜種カモメより小さく、嘴も小さい。頭はほぼ白く、細く鋭い褐色斑が少量ある。額がくて頭頂が平ら。背は淡色。次頁左上と同一個体。2017年3月28日　千葉県　OU

307

亜種ニシシベリアカモメ

成鳥冬羽 ad. w 前頁下と同一個体。

成鳥冬羽 ad.w 翼は長く尖り、翼後縁、内側初風切部の白帯は狭い。翼の灰色は亜種カモメよりや淡く、P7のムーンは細い。頭部はほぼ白色。色斑は細く限定的で、頭頂、後頸に僅かに見られ嘴は小さめで、上、下嘴に暗色斑がある。2017 2月14日　千葉県　OU

成鳥または第3回冬羽 ad . or 3w　P 6の黒条は長く伸び、p7のムーンはごく細い。小翼羽に僅かに黒斑があり、P8、P9、P10の先端に白斑がほとんどないので、第3回冬羽の可能性もある。2019年1月29日　千葉県　OU

成鳥冬羽 ad. w
虹彩が淡色の個体。P7
ムーンはカモメより細く
ニシシベリアカモメとし
標準的。頭部の褐色斑は
く限定的で、後頸に僅か
見られる。上、下嘴に明
な暗色斑がある。2019
3月5日　千葉県　OU

亜種ニシシベリアカモメ

2回冬羽 2w 次ページ上の第1回冬羽と同一個体。頭から胸、腹、尾筒までほぼ無斑で白い。下の個体より雨覆に褐色の羽が多く、尾の斑も多い。2018年2月13日　千葉県　OU

2回冬羽 2w 頭の少量の斑を除いて白く、胸か腹にかけても無斑で白い。2019年4月1日　千県　MU

第2回冬羽 2w 嘴は小さめ。上の個体より成鳥寄り。2018年2月20日　千葉県　OU

2回冬羽 2w 全体に白さが際立っている。尾羽には僅かに暗色斑残っている。2017年1月10日　東京都　OU

309

亜種ニシシベリアカモメ

第1回冬羽 1w 頭部から腹にかけてと、尾筒はほぼ無斑で白い。尾羽T6の外弁は無斑で白色。腋羽は先端のV字状斑のみで他は白い。尾羽は先端の狭い黒帯以外は純白。嘴は小さめで、初列風切が長い。2017年2月13、14日 千葉県 MU（左上）、OU

第1回冬羽 1w 左後の亜種カモメよりやや さく、嘴も小さい。 部、胸、腹に斑が少な 白さが目立つ。初列風 はより後方に長く突出 る。飛翔時は左の亜種 モメより翼が長く、先 尖っている。上尾筒と 羽基部は亜種カモメは が目立つのに対し、無 で白さが際立ってい 2017年2月13日 千 県 OU

第1回冬羽 1w 換羽が遅めの個体で、後頸、側頸の褐色部は幼羽。肩羽も幼羽が多く残る。頭から下尾筒まで斑が目立たずほぼ純白。下右と同一個体。2018年2月13日 千葉県 OU

第1回冬羽 1w 下と同一個体。2019年1月28日 千葉県 MU

第1回冬羽 1w 上と同一個体。尾羽の黒帯は細く、基部は無斑で白い。上尾筒も無斑。腋羽は横斑がなく、先端にV字の縁取りがある。2018年2月13日 千葉県 MU

第1回冬羽 1w 頭部から体下面が白くて、褐色斑が少なく、亜種カモメより翼が長く尖る。翼下面も白みが強く、次列風切の暗色帯との対比が強い。腋羽は先端の暗色の縁取り以外は白く、横縞はない。この個体はP10に小さなミラーが見られる。2019年1月28日 千葉県 MU

亜種ニシシベリアカモメ

311

亜種コカモメ

成鳥夏羽 ad. s 夏羽の頭部は斑がなく白い。頭、嘴が小さく、初列風切は長い。2019年4月24日 British Columbia Canada OU

成鳥冬羽 ad. w 後頭、後頸のもやっと広がる斑が特徴的。初列風切は長く、尾端はP6より少し内側にある。2019年4月2日 千葉県 OU

成鳥冬羽 ad. w 下左と同一個体。亜種カモメ(右)より小さく、嘴は特に小さい。頭はより丸く、斑はソフトでもやっとした一様な斑。背の灰色の濃さはやや淡い傾向がある。P10、P9のミラーは大きく、P8に大きなムーンがある。2011年3月8日 千葉県 MU

成鳥冬羽 ad. w(左) 嘴は右の亜種カモメ、ウミネコと比べると小さいのがわかる。背の灰色は淡い傾向があるが、この個体は明瞭に淡い。後頸は淡い一様な灰褐色斑に覆われる。足は短め。2019年1月28日 千葉県 MU

成鳥冬羽 ad. w 上と同一個体。2011年3月8日 千葉県 MU

亜種コカモメ

成鳥冬羽 ad. w　頭が丸く、嘴、頭が明瞭に小さい。頭から胸の斑は、もやっとした柔らかな斑。眼はやや淡色の個体。日本ではアラスカ同様P5の黒斑が帯とならない個体がしばしば見られる。(上) 2017年2月14日　千葉県　OU，(右) 2017年2月29日　千葉県　MU

羽の成鳥冬羽 ad. w　右は頭の斑が多く、嘴が大きめの個体。左は頭の斑が少なめの個体。嘴が短小で頭の丸みも強く、雌の可能性が考えられる。背は左の個体がやや淡色。2016年12月11日　California USA　OU

成鳥冬羽 ad. w　翼後縁の白色帯が特に幅広い個体。2016年12月11日　California USA　OU

成鳥冬羽 ad. w　P10までムーンがある個体。2016年12月11日　California USA　OU

315

亜種コカモメ

成鳥冬羽 ad. w 頭、嘴が小さく翼が長いので、飛翔時は亜種カモメとはかなり異なった形に見える。2016年12月11日 California USA OU

成鳥冬羽 ad. w 翼後縁の白色帯は他の2亜種より幅広い。翼端の黒色は少なめで、P5の黒帯は途切れ気味。2016年12月11日 California USA OU

成鳥冬羽 ad. w 黒色が多く、P8のムーンがない個体。2016年12月11日 California USA OU

成鳥冬羽 ad. w P8にもミラーがあり、ミラー3個の個体。2016年12月11日 California USA OU

成鳥冬羽 ad. w 白色部が多く黒色部が少ない。P5の黒斑は内弁のみ。繁殖域の西部、アラスカではこのように黒斑が少ない個体がよく見られる。2016年12月11日 California USA OU

亜種コカモメ

第3回冬羽 3w 初列風切先端の白斑が小さく、飛翔時には小翼羽、初列雨覆、尾羽に黒斑が見られる。
2016年12月11日 California USA OU

第3回冬羽 3w 小翼羽と初列雨覆、尾羽に暗色斑があり、P9のミラーは小さくP8のムーンも小さい。頭、胸の斑が多く、嘴基部の色は緑色みが強い。
2016年12月11日 California USA OU

第2回冬羽 2w 小翼羽、初列雨覆、尾羽に黒斑が見られる。次ページ左上と同一個体。2019年4月24日 British Columbia Canada OU

第3回冬羽 3w 小翼羽、初列雨覆、尾羽に黒斑が見られる。第2回と異なり、初列風切先端に白斑がある。2016年12月11日 California USA OU

第2回冬羽 2w P8、P7の黒は短く、基部に色部がある。頭、嘴が小さく眼が大きい。
2019年3月19日 千葉県 OU

コカモメ第2回冬羽 2w
brachyrhynchus
初列大雨覆の暗色斑は先のみで基部は灰色。P8の基部も灰色。

カモメ第2回冬羽 2w
kamtschatschensis
初列大雨覆は基部まで暗色で、P8の基部も暗色。ただし例外もある。

亜種コカモメ

第2回冬羽 2w 三列風切に黒斑がある。雨覆は褐色みがあり、淡色の羽縁がところどころに目立つ。2019年4月24日 British Columbia Canada OU

第1回夏羽 1s 頭、頸、胸、雨覆など褪色して白ぽくなっている。初列風切の先は淡色に縁取らている。2019年4月24日 British Columbia Canada OU

第1回冬羽 1w（左） 右の亜種カモメより小さく、丸く盛り上がった頭と嘴の短小さが際立っている。眼大きく見えるのも特徴の一つ。初列風切は長く、やや淡色の傾向が強い。肩羽の灰色は亜種カモメよりや淡い。基部まで暗色の尾羽と、太い横縞の上尾筒が見えている。2019年3月5日 千葉県 OU

第1回冬羽 1w 大きな眼と小さな嘴と長い初列風切が特徴。次ページ左上と同一個体。2016年12月11日 California, USA. OU

第1回冬羽 1w 小さな頭、小さな嘴、長い初列切が目立つ。2019年4月24日 British Columbia Canada OU

亜種コカモメ

第1回冬羽 1w　尾羽は基部までほぼ一様に暗色で、尾筒は太い横斑に覆われる。嘴が短小。2016年12月11日　California USA　OU

第1回冬羽 1w　尾羽の基部は淡色部があり、暗色帯は狭い個体。腋羽は暗色の縁取りがある。2016年12月11日　California USA　OU

幼羽 juv.　右下と同一個体。頭と嘴が小さく初列風切が長い。肩羽、雨覆、三列風切の軸斑は淡色で丸みがあり、サブターミナルバンドがある。羽縁は狭い。頭から頸、胸にかけてソフトで一様な斑に覆われる。2017年2月14日　千葉県　OU

第1回冬羽 1w　腋羽は一様に褐色で、横斑はない個体の割合が多い。2016年12月11日　California USA　OU

幼羽 juv.　上と同一個体。尾羽は基部まで黒褐色。羽衣全体にコントラストが弱く、一様に見える傾向が強い。2017年2月14日　千葉県　OU

319

クロワカモメ

Larus delawarensis
Ring-billed Gull

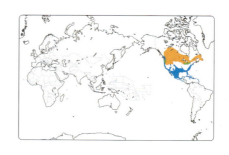

■**大きさ** 全長41〜49cm、翼開長115〜135cm。■**分布・生息環境・習性** カナダ南部、アメリカ北部で広く繁殖し、冬はアメリカ西、東海岸、中米の海岸線で越冬する。海岸、河川の中流、河口、公園の池、駐車場などで人の与える餌に餌付き、北米で日本におけるユリカモメのような地位を占めている。日本では迷鳥で、茨城県、千葉県で成鳥2例の記録があるのみ。
■**特徴** 3、4年で成鳥になる。カモメとほぼ同大かやや大きい中型カモメ。体形、頭の形はカモメよりがっしりとして頑丈な印象がある。嘴は太く、嘴角もやや発達している。■**鳴き声** アーアーとウミネコにやや似ているが、もう少し甲高く鋭い声。
■**成鳥夏羽** カモメ成鳥にはない太く明瞭な黒い帯が嘴にある。背の灰色は淡くKGS：4-5。頭が白くなるのはカモメは4月だが、3月には白くなる個体が多い。嘴と足の黄色は鮮やかになる。
■**成鳥冬羽** 頭の斑はカモメより鋭く細い傾向が強いが、個体差は大きい。嘴と足の黄色は夏羽より鈍くなり、特に秋は灰緑色を帯びることも多い。類似種カモメは嘴の斑は太い完全な帯状になることはなく、暗褐色の弱い不完全な帯。背の灰色は濃いが、両種とも幅があり、カモメの淡い個体とクロワカモメの濃い個体では、その濃さが近接する。三列風切の先の白色部は幅広い。クロワカモメは狭い傾向が強いが、個体差はある。ミラーはカモメが大きい傾向が強い。
■**第3回冬羽** 成鳥と第2回冬羽の中間の特徴を持ち、区別が難しい場合もある。成鳥とは、初列風切の白斑が小さく、P10、P9の斑がないことが多く、初列雨覆、小翼羽に黒斑があることなどが異なる。嘴の黒が多く、頭の褐色斑は頸、胸まで及ぶ個体も多い。第2回冬羽とは、初列雨覆と小翼羽の黒斑が少ないこと、初列風切P6からP8までの先端に白斑が目立つことなどで区別できる。第2回冬羽は白斑がほとんどない。
■**第2回冬羽** 成鳥、第3回冬羽に似るが、初列風切P6〜P10の先端に白斑がほとんどないことで識別可能。初列雨覆、小翼羽に黒斑が目立つ。嘴、足の黄色は鈍く、灰緑色味を帯びることが多い。三列風切、尾羽には黒斑が残る個体が多いが、斑が見られない個体もいる。雨覆に灰褐色で淡色の羽縁がある羽が混じることが多い。
■**第1回冬羽** カモメ第1回冬羽とは、雨覆、三列風切の軸斑に大型カモメに似た切れ込みがあったり、先端が鋭角的に尖ったりなど、複雑な模様になることで識別可能。飛翔時はカモメより暗色部と淡色部のコントラストが強く、尾羽の暗色帯が複雑な模様となることが多い。冬期、雨覆、三列風切を換羽する個体がよく見られるが、カモメは冬期、雨覆、三列風切を換羽することはあまりない。
■**幼羽** 肩羽、雨覆、三列風切に切れ込みが目立ち、大型カモメに似た模様となる。カモメは軸斑の模様が単純で全体が鱗模様に見える。嘴は初期は全体に黒いが、徐々に基部がピンクに変わってくる。

クロワカモメ

成鳥夏羽 ad. s
頭は純白で、嘴、足の黄色は鮮やか。嘴は太く、先端近くの黒帯はカモメとの決定的な識別点。眼瞼は赤色。背の灰色はカモメより淡い。2019年4月24日 Alberta Canada OU

鳥冬羽→夏羽 ad. w→s カモメ成鳥にはない嘴の明瞭な黒帯が特徴。背の灰色はやや淡い。頭の斑はカモメより細く鋭い傾向が強い。ミラーはカモメより小さい。虹彩は淡色。2007年3月20日 千葉県 MU

鳥冬羽 ad. w 上と同一個体。セグロカモメ（左端）、カモメ4羽、ウミネコ（右2）に比べ明らかに背が色。2006年3月16日 千葉県 MU

323

クロワカモメ

成鳥冬羽 ad. w 秋は嘴、足の黄色が鈍くなり、灰緑色みを帯びる。三列風切の白色部は個体差があり、この個体は比較的幅広く、灰色部との境も明瞭。
2016年10月25日 Ontario Canada MU

（推定）**第3回冬羽 3w** 初列雨覆に黒斑が見られる。初列風切の白斑は成鳥より小さく、第2回冬羽より大きい。頭の斑は成鳥より多く、胸まであることが多い。
2016年10月25日 Ontario Canada MU

（推定）**第3回冬羽 3w** 虹彩は暗色で、初列雨覆、小翼羽に黒斑が見られる。初列風切の白斑は成鳥より小さく、第2回冬羽より大きい。2016年10月25日 Ontario Canada MU

第2回冬羽 2w 嘴の黒斑は先端近くまであり、成鳥より幅広い。小雨覆に淡褐色の軸斑と淡色の羽縁があり三列風切、尾羽に暗色斑がある。Ontario Canada MU

第2回冬羽 2w 嘴の黒斑は先端まで。尾羽に黒斑が見えている。初列風切先端の白斑は見られない。
2015年1月18日 California USA MU

第1回夏羽→第2回冬羽 1s→2w 2018年8月 日 New York USA OU

クロワカモメ

第1回冬羽 1w
10月ですでに雨覆、三列風切まで灰色の羽に換羽が及んでいる。カモメは第1回冬羽では肩羽のみ換羽するのが普通。2016年10月23日 Ontario Canada MU

第1回冬羽 1w カモメよりメリハリが効いた羽衣、各羽の軸斑は強く、先は鋭角的に尖る。2016年10月23日 Ontario Canada MU

第1回冬羽 1w 暗色の個体。雨覆、三列風切に暗色部が多い。2005年12月10日 Ontario Canada MU

幼羽 juv. 嘴の色彩は第1回冬羽のように明確に色に分かれず、黒色が多い。2018年8月3日 New York USA OU

幼羽 juv. 嘴は黒色部が多い。肩羽は太い横斑のようになっている個体。2017年9月1日 Alberta Canada OU

クロワカモメ

幼羽 juv. 肩羽、雨覆、三列風切 模様はカモメのよう のっぺりとしたもの はなく、大型カモメ 似た複雑な模様。嘴 黒色が減少し、第1回 羽とほぼ同じになっ いる。2017年9月3 Alberta Canada O

成鳥冬羽 ad. w ミラーの大きさは標準的と思わ れる個体。2016年10月23日 Ontario Canada MU

成鳥冬羽 ad. w ミラーの大きさは個体差が り、この個体は大きく、カモメと同程度の大きさ 2016年10月23日 Ontario Canada MU

成鳥冬羽 ad. w ミラーが1個の個体も比較的多 く見られる。2015年1月18日 California USA MU

第2回冬羽 2w 初列雨覆の暗色斑が少なく、 3回に似るが、初列風切先端の白斑がなくて、 羽に暗色斑が残る。2016年10月26日 Ontar Canada MU

326

第2回冬羽 2w　初列雨覆、小翼羽、尾羽に黒斑が ある。尾羽の黒斑は帯状に多く残っている。2015 年1月19日 California USA　MU

第2回冬羽 2w　翼下面は斑がなく白い。もう少し暗色斑が残る個体もいる。2015年1月17日 California USA　MU

第1回冬羽 1w　内側初列風切先端近くの暗色斑は カモメより明瞭で幅広い。2016年10月27日 Ontario Canada　MU

第1回冬羽 1w　尾羽の暗色帯は広めの個体。雨覆の軸斑はカモメより強く鋭角的。2016年10月23日 Ontario Canada　MU

クロワカモメ

クロワカモメ

第1回冬羽 1w　内側初列風切が濃く、明確なウィンドウを形成しない個体。尾羽は単純な黒帯になっている。2016年10月26日　Ontario Canada　MU

第1回冬羽 1w　尾羽の暗色帯の幅が広めで、全体に褐色みが強い個体。2016年10月26日　Ontario Canada　MU

第1回冬羽 1w　翼下面もカモメより地色が白い。尾羽の黒帯は狭い個体。2016年10月26日　Ontario Canada　MU

幼羽 juv.　新鮮な幼羽。カモメより全体に白黒のメリハリが効いた羽衣。2018年8月3日　New York USA　OU

小型・中型カモメ類の雑種・色彩異常

カモメ×ユリカモメ Black-headed Gull × Mew Gull 背の灰色の濃さはほぼ中間。三列風切の白色部はカモメより狭くなっている。初列風切先端の白斑も小さい。2018年3月22日 三重県 宮越和美

カモメ×ユリカモメ Black-headed Gull × Mew Gull カモメより2個のミラーは大きく、黒色は減少し、翼後縁の白帯狭くなっている。2018年3月5日 三重県 高木慎介

カモメ×ユリカモメ Black-headed Gull × Mew Gull 大きさ、体形は両種の中間的。全体的にユリカモメ寄りの印象がやや強いが、随所にカモメらしさが感じられる。嘴と足の色はユリカモメより赤みが弱い。2018年3月5日 三重県 小田谷嘉弥

ウミネコ×カモメ Black-tailed Gull × Mew Gull 背の灰色はウミネコよりやや淡い。次ページの個体と特徴はほぼ同じだが、ミラーは2個ある。2006年12月21日 千葉県 MU

小型・中型カモメ類の雑種・色彩異常

ウミネコ×カモメ Black-tailed Gull × Mew Gull 顔つきはウミネコに似ているが、嘴は小さめで赤斑ない。三列風切の白色部はウミネコより大きい。初列風切にミラーとムーンがあるのはカモメの特徴。尾には黒点が連なり、両種の中間的で面白い。2012年3月11日　三重県　宮越和美

チャガシラカモメ×ユリカモメ（左）
Black-headed Gull × Brown-headed Gu
虹彩は暗色で嘴は小さい。翼端はチャガシラカモメより黒色が少なく白色が多い。翼前縁の白色はユリカモメより大きい。2016年　月29日　Samutprakarn Thailand　OU

チャガシラカモメ×ユリカモメ Black-headed Gull × Brown-headed Gull 虹彩は暗色で嘴も小さい。全体にユリカモメ寄りに見えるが、翼を開くとチャガシラカモメよりは少ない黒色がある。翼前縁の白色角はユリカモメより大きい。Samutprakarn Thailand　OU

チャガシラカモメ ×ユリカモメ Black-headed Gull × Brown-headed Gull（左） 右のチャガシラカモメより小さくて、虹彩は暗色。静止時はユリカモメ夏羽に似るが、飛翔時（右上）、翼先端にチャガシラカモメに似て、範囲が狭い黒色部が見られる。2016年2月29日 Samutprakarn Thailand OU

小型・中型カモメ類の雑種・色彩異常

モメ第1回冬羽白変個体 Mew Gull　上尾筒、腰、尾羽以外が白変している。2010年3月17日 千葉県 MU

モメ第1回冬羽白変個体 Mew Gull　翼帯風に変していて、これは他の種でも時々見られる。007年3月20日 千葉県 MU

ウミネコ白変個体 Black-tailed Gull　2008年3月26日 千葉県 MU

331

小型・中型カモメ類の雑種・色彩異常

カモメ白変個体 Mew Gull 初列大雨覆の白変は他の多くの種でも見られる。2009年2月3日 千葉県 MU

ウミネコ白変個体 Black-tailed Gull 同様なま?ら状態の白変個体がオオセグロカモメも含め、同?で多数見られた。2019年1月29日 千葉県 OU

ユリカモメ白変個体 Black-headed Gull 2017年1月6日 東京都 浅子明

ハシボソカモメ×チャガシラカモメ第2回冬羽
Slender-billed Gull × Brown-headed Gull 2w

ハシボソカモメより太く短めな嘴

ハシボソカモメより濃く明瞭な黒斑

チャガシラカモメよりミラーが大きく黒色が少ない

小翼羽と尾羽に暗色斑があり第2回冬羽と思われる

第2回夏羽 2s

チャガシラカモメの黒い頭巾の特徴が一部出ている

嘴と足は成鳥より橙色みがある

ハシボソカモメのような黒い嘴

332

日本未記録のカモメ類

オグロカモメ　*Larus heermanni*　Heermann's Gull

　全長45〜50cm、翼開長128〜132cm。メキシコのラサ島を中心に繁殖し、繁殖後は海岸沿いに分散。北はカナダのバンクーバー付近まで達し、時にアラスカにも出現する。

成鳥夏羽 ad. s　大きさと体型はウミネコに似る。赤い嘴と灰色の体下面が特徴的。(上) 2015年1月20日　MU、(右) 19日　OU

第3回冬羽 3w　次列風切と尾羽の先端の白帯は成鳥より狭い。(左) 2015年1月20日　MU、(上) 19日　California USA　OU

第2回冬羽 2w　三列風切先端に白色部があるが、次列風切と尾羽にはない。第1回冬羽ではより褐色味が強く、大雨覆先端に淡色羽縁がある。2015年1月20日　California USA　MU

日本未記録のカモメ類

アメリカオオセグロカモメ *Larus occidentalis* Western Gull

全長62〜66cm、翼開長135〜140cm。アメリカのワシントン州からメキシコのバハ・カリフォルニアに至る太平洋岸で繁殖する普通種。稀にアラスカでも観察される。

成鳥 ad. オオセグロカモメに似るが翼と足が長く、嘴は下嘴角が発達し形状はワシカモメに似る。虹彩は暗色で、黄色の眼瞼は重要な特徴。初列風切は黒色部が広く、ムーンがほとんどない。足はオオセグロカモメより淡いピンク〜肉色。オオセグロカモメよりかすれた声でウォウォウォなどと小刻みに鳴く。2015年1月14〜19日 California USA MU

第2回冬羽 2w オオセグロカモメより外側初列風切と尾羽がべったりと黒い。頭から胸の斑は一様でワシカモメに似る。2015年1月14〜19日 California USA MU

第1回冬羽 1w 全身べったりとした暗褐色で、初列風切と尾羽もオオセグロカモメより一様に黒い。2015年1月14〜19日 California USA MU

日本未記録のカモメ類
オオカモメ *Larus marinus* Great Black-bakced Gull

全長61〜78cm、翼開長145〜165cm。スカンジナビア半島からアメリカ東海岸に至る北大西洋沿岸に生息する世界最大のカモメ類。例外的にカナダのブリティッシュコロンビア州やアラスカでの記録もある。

成鳥冬羽 ad. w 背はオオセグロカモメ以上に濃く、嘴は直線的で太く、上嘴のカーブが急。足の色は淡い。翼後縁の白帯は狭く、ムーンも細く目立たない。眼瞼は赤い。2016年10月25日 Ontario Canada MU

第3回冬羽 3w 初列風切を換羽中で、P10とP9が旧羽。同年齢のオオセグロカモメでは虹彩がすでに淡色の個体が多い。2018年8月3日 New York USA OU

第2回冬羽 2w 上背や肩羽に成鳥のような羽は出ない個体が多い。第1回冬羽より模様は細かく不規則な傾向。2016年10月25日 Ontario Canada MU

幼羽 juv. 全体に白黒のコントラストが強く、腹は白地に粗い斑があり、羽色・模様はモンゴルセグロカモメに似る。2005年12月11日 Ontario Canada MU

第2回冬羽 2w 初列風切は換羽中で摩耗した幼羽が残っている。角張った頭の形と太い嘴に注意。2018年8月3日 New York USA OU

日本未記録のカモメ類

ニシセグロカモメ 亜種*fuscus*
Larus fuscus fuscus Lesser Black-backed Gull (Baltic Gull)

全長49〜55cm、翼開長118〜148cm。主にバルト海沿岸で繁殖し、アフリカ南東部で越冬する。

第2回冬羽 2w　亜種ヒューグリンカモメの群中にいた個体で、ほぼ黒に近い背の色がよく目立っていた。第2回冬羽でかなり成鳥に近い羽色を獲得する。2005年1月12日　Al Batinah South Oman　MU

日本未記録のカモメ類

ヨーロッパセグロカモメ 亜種*argentatus*
Larus argentatus argentatus

スカンジナビア半島を中心に繁殖し、冬も周辺地域に留まるものが多い。

参考文献・ウェブサイト

- Adriaens, P. & Gibbins, C. 2016. Identification of the Larus canus complex. Dutch Birding 38 (1) : 1-64. Dutch Birding Association, Amsterdam
- Dunne, P. & Karlson, K. T. 2019. Gulls Simplified. Princeton University Press. Princeton.
- Grant, P. J. 1986. Gulls: a guide to identification. Second edition. T&A D Poyser, Calton.
- Howell, S. N. G. 2007. Gulls of the North Americas. Houghton Mifflin Harcourt, New York
- Olsen, K. M. & Larsson, H. 2004. Gulls of Europe, Asia and North America. Christopher Helm, London
- Olsen, K. M. 2018. Gulls of the world. Christopher Helm, London
- Yésou, P 2002. Systematics of Larus argentatus-cachinnans-fuscus complex revisited. Dutch Birding 24: 271-298. Dutch Birding Association, Amsterdam
- Yésou, P. 2001. Phenotypic variation and systematics of Mongolian Gull. Dutch Birding 23:65-82, Dutch Birding Association, Amsterdam
- Van Dijk, K., Kharitonov, S., Vonk, H. & Ebbinge, B. (2011), Taimyr Gulls: Evidence for Pacific Winter Range, with Notes on Morphology and Breeding, Dutch Birding 33: 9-21, Dutch Birding Association, Amsterdam
- 小田谷嘉弥・先崎啓究・先崎理之・高木慎介．2013．カモメ入門．Birder 27 (11)：21-35, 50-52, 文一総合出版, 東京
- 風間健太郎・平田和彦・佐藤雅彦．2011．利尻島におけるオオセグロカモメ×ワシカモメ交雑繁殖つがいの観察記録．日本鳥学会誌 60 (2)：241-245．日本鳥学会, 東京
- Young Guns. 2016. タイムルセグロカモメ (1). Birder 30 (1) 44-47. 文一総合出版, 東京
- Young Guns. 2016. タイムルセグロカモメ (2). Birder 30 (2) 44-47. 文一総合出版, 東京
- Young Guns. 2017. カモメの形態と亜種の識別．Birder 30 (1) 44-47. 文一総合出版, 東京
- Birding Mongolia　http://birdsmongolia.blogspot.com/（参照 2012-2019)
- Birding Newfoundland with Dave Brown　http://birdingnewfoundland.blogspot. com/（参照 2009-2019)
- Birdlife International　https://www.birdlife.org/（参照 2019)
- Birds.kz　http://www.birds.kz/（参照 2016-2019)
- Chris Gibbins-Gulls & Birds　http://chrisgibbins-gullsbirds.blogspot.com/（参照 2008-2019)
- Flickr　https://www.flickr.com/（参照 2010-1019)
- Gull Research Organisation　http://gull-research.org/（参照 2010-2019)
- IOC World Bird List version 9.2　https://www.worldbirdnames.org/（参照 2019)
- Jean Iron Photos　http://www.jeaniron.ca/index.htm（参照 2003-2019)
- Martin Reid Birds, Bugs and Beyond...　http://www.martinreid.com/（参照 2000-2019)
- Oriental Bird Images　http://orientalbirdimages.org/（参照 2005-2019)
- Xeno-canto　https://www.xeno-canto.org/（参照 2019)
- 鴎舞時／OhmyTime　https://seichoudoku.at.webry.info/（参照 2006-2019)
- Birding of Kitahiroshima　https://starling.dyndns.org/~birdkitahiro/（参照 2003-2019)
- ミツユビカモメと仲間たち http://mituyubi.com/menu/menu.html（参照 2004-2019)

索引

索引

ア

アイスランドカモメ
-------------------- 30, 146, 147, 150, 157, 158
アカアシミツユビカモメ ------------------- 195
アメリカオオセグロカモメ ----------------- 334
アメリカズグロカモメ -------------------- 265
アメリカセグロカモメ -------------------- 102
ウミネコ -------------------- 22, 23, 26, 28, 287
オオカモメ ------------------------------ 335
オオズグロカモメ ------------------------ 280
オオセグロカモメ ---------------- 26, 28, 30, 114
オグロカモメ ---------------------------- 333

カ

カザフセグロカモメ ------------------------ 90
カスピセグロカモメ ------------------------ 55
カナダカモメ ---------------------------- 158
カモメ ----------------------------- 294, 297
カリフォルニアカモメ --------------------- 170
換羽 ------------------------------------ 24
クビワカモメ ---------------------------- 205
クムリーンカモメ ------------- 30, 146, 148, 151
クロワカモメ ------------------------- 320, 20
コカモメ --------------------------- 295, 311
ゴビズキンカモメ ------------------------ 272

サ

雑種 ------------------------------- 180, 329
色彩異常 ---------------------------- 180, 329
シロカモメ ------------------------------ 136
ズグロカモメ ---------------------------- 238
セグロカモメ --------- 22, 23, 24, 27, 28, 30, 32
ゾウゲカモメ ---------------------------- 202

タ

"タイミルセグロカモメ" ------------------- 78
チャガシラカモメ ------------------------ 223

ナ

ニシシベリアカモメ ------------------- 294, 304
ニシセグロカモメ 亜種 *fuscus* --------- 336
年齢 ------------------------------------ 22

ハ

ハシボソカモメ -------------------------- 208
ヒメカモメ ------------------------------ 245
ヒメクビワカモメ ------------------------ 252
ヒューグリンカモメ ------------------------ 66
ボナパルトカモメ ------------------------ 215

マ

未記録種 -------------------------------- 333
ミツユビカモメ -------------------------- 188
見分け方 -------------------------------- 27
モンゴルセグロカモメ --------------------- 43

ヤ

ユリカモメ ---------------------- 22, 23, 27, 230

ユ

ヨーロッパセグロカモメ 亜種 *argentatus*
--------------------------------------- 336

ワ

ワシカモメ ----------------------------- 29,126
ワライカモメ ---------------------------- 258

あとがき

　私たちが始めてカモメ類の識別に興味を持ったのは1980年代。当時日本の図鑑にはカナダカモメも当然未記録で載っておらず、"タイミルセグロカモメ"は、「時々いる足の黄色いセグロカモメは何者？」と、ごく一部で話題になり出した程度。当然インターネットもスマートフォンやデジタルカメラもなく、とにかく情報がなかった。そんないわば「わからなくて当然」の時代からカモメの識別に取り組み、「現在これだけのことがわかった」という内容をハンドブック等で提示し続けてきた。

　それによって、カモメは決して識別不能の存在ではないことを広く伝えることができ、ファンもずいぶん増えたが、その一方で、限られた紙面では典型的・標準的なものを紹介するだけでも精いっぱいで、個体差や例外を含めた連続性や微妙さを、ほんの一部しか表現することができず、ともすると常に明確に答えが出せるような、よくある誤解を防ぎ切れていない懸念もあった。

　この度、前著『決定版 日本のカモ識別図鑑』に続き、同形態の本格的なカモメ図鑑を刊行するに至り、そのような懸念も含めて、ようやくひとまず肩の荷が下りた思いだ。日本国内に留まらず、北米や中東、タイや中国といった海外遠征も含めた長年の観察の成果をぎっしりと詰め込み、『決定版 日本のカモ識別図鑑』に続いてかつてないボリュームと充実した内容のカモメの識別図鑑を書き上げることができたと自負している。

　今回の執筆にあたり、特に渡辺義昭さんには、北海道ならではのカモメ、アカアシミツユビカモメ、ヒメクビワカモメの写真をたくさん貸していただき、その他多くの種の参考写真を貸していただいた。ゴビズキンカモメの取材に出かけた中国、天津で、何から何までお世話になった陳学軍さん、張彤彤さん、その他、インターネット上やフィールドで日々情報や意見の交換をさせて頂いてきた多くのカモメ観察者の皆様、および写真を快くご提供頂いた皆様に厚く御礼申し上げます。この図鑑の完成までに力を貸してくださった皆様、本当にありがとうございました。

　最後に、前著の編集担当でこの図鑑の企画を進めて下さった誠文堂新光社の西尾智明氏と、片岡克規氏に深く感謝いたします。

氏原道昭

ブックデザイン-----齋藤知恵子（sacco）
写真提供----------浅子明、有我彰通、梅垣佑介、小田谷嘉弥、川崎康弘、先崎啓究、高木慎介、高橋説子、中村さやか、西村雄二、宮越和美、渡辺義昭

著者プロフィール

氏原巨雄 (うじはらおさお) --
1949年、高知県高知市生まれ。神奈川県川崎市在住。
日本画の勉強の過程で鳥に興味を抱き、次第に鳥の観察に傾倒していく。
鳥を主な題材とした絵画展を12回開催。
1987年『鳥630図鑑』(日本鳥類保護連盟)のチドリ目などのイラストを
担当、鳥類画家としてイラスト執筆を始める。
主な著書に『日本のカモ識別図鑑』(誠文堂新光社)、『カモメ識別ハンド
ブック』『シギ・チドリ類ハンドブック』『オオタカ観察記』(文一総合出版)が
ある。
本書では小型中型カモメを担当。

氏原道昭 (うじはらみちあき) --
1971年、高知県高知市生まれ。神奈川県川崎市在住。
小学校低学年より野鳥観察とスケッチを始め、とりわけシギ・チドリ、カモ、
カモメを中心とする水鳥類の識別に打ち込む。
東京都立芸術高等学校油画科を卒業後、鳥類画家として個展開催などの
活動を経て、父、巨雄との共著で『日本のカモ識別図鑑』(誠文堂新光社)、
『カモメ識別ハンドブック』『シギ・チドリ類ハンドブック』(文一総合出版)
のイラストと解説を手掛ける。
2000年頃からはインターネットを通じた識別の基礎資料の蓄積や共有
にも力を入れている。
本書では大型カモメを担当。

みわ　　　　　　　　　　　　よ
見分けるポイントが良くわかる
けっていばん　にほん　　　　　　　しきべつずかん
決定版 日本のカモメ識別図鑑

2019年11月14日　発　行　　　　　　　　　　　　NDC488.64

著　者		うじはらおさお　うじはらみちあき 氏原巨雄、氏原道昭
発行者		小川雄一
発行所		株式会社　誠文堂新光社 〒113-0033　東京都文京区本郷3-3-11 (編集)電話03-5805-7761 (営業)電話03-5800-5780 https://www.seibundo-shinkosha.net/
印　刷		広研印刷 株式会社
製　本		和光堂 株式会社

© 2019, Osao Ujihara & Michiaki Ujihara.　　　　　　　Printed in Japan

検印省略
本書掲載の記事の無断転用を禁じます。
万一落丁・乱丁本の場合はお取り替えします。

本書のコピー、スキャン、デジタル化等の無断複製は、著作権法上での例外を除き、禁
じられています。本書を代行業者等の第三者に依頼してスキャンやデジタル化すること
は、たとえ個人や家庭内での利用であっても著作権法上認められません。

[JCOPY] 〈(一社)出版者著作権管理機構 委託出版物〉
本書を無断で複製複写(コピー)することは、著作権法上での例外を除き、禁じられてい
ます。本書をコピーされる場合は、そのつど事前に、(一社)出版者著作権管理機構(電
話03-5244-5088 ／ FAX 03-5244-5089 ／ e-mail:info@jcopy.or.jp)の許諾を得
てください。

ISBN978-4-416-51852-6